错啦！

护肤应该这样做

宋丽晅 胡晓萍 著

北京联合出版公司
Beijing United Publishing Co.,Ltd.

目录

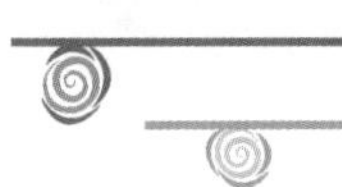

化学功能

第一章
给美容达人纠错

电视上、报纸上、时尚杂志上，总是对各种美容科技宣传得神乎其神，但你必须明白，其实这种能够将衰老迹象彻底消除的美容科技尚未出现。对于充斥各类媒体的美容达人的美容秘诀，你是否深信不疑？这些美容秘诀，虽然看着匪夷所思，但从明星口中流传出来，"杀伤力"就大大增加了。实际上，并非每个明星的"秘方"都是值得信赖的，在大明星的护肤宝典里，同样会出现不小的纰漏。让我们指出这些大明星的种种美容错误，以免大家误入歧途！

给殿堂级美容专家牛尔纠错

代表书：《牛尔的爱美书》

作为殿堂级保养大师，牛尔的名字如雷贯耳。牛尔是最红的综艺节目《女人我最大》的主讲老师，拥有众多粉丝。单凭“牛尔推荐”四个字就可以让任何一个品牌的任何一款化妆品脱销。2009年，牛尔加盟《美丽俏佳人》美丽教练团，与众多爱美女性分享自己多年积累、总结的护肤保养心得。但是，他说的全都对吗？

错误主张 1：“牛尔京城之霜”具备全能面霜的 10 大功效

牛尔在其淘宝店中，推出了一款专门为大陆女性研制的“牛尔京城之霜”。号称具有 10 大美颜功能的“牛尔京城之霜”，汇集了高达 60 种纯天然植物精华，号称能将所有肌肤困扰一网打尽！

全新正解

被无数 FANS（粉丝）追逐的殿堂级保养大师牛尔在淘宝开店了，并热卖一款专门为中国女性研制的全能面霜——“牛尔京城之霜”。据说，它基于牛尔 3 年来在各省市的实地考察，是特别量“肤”定制给中国女性的全功效顶级乳霜。完美配比最精华的 60 种纯植物成分，给肌肤滋润、美白、纯净、抗衰老一步到位的修护。不过，还是令人隐隐担心，虽然牛尔老师是当之无愧的“成分第一专家”，但这么多的成分放在一个产品里面，真的可以吗？安全吗？护肤品真的是成分越多越好吗？消费者是否真的需要这种“包治百病”的全能面霜？

1．60 种之多的成分配方，有哗众取宠、“博眼球”之嫌。

想必大家看完这 60 种成分时，已经晕了。事实上，护肤品中某些成分对某些人来说不仅没有任何用处，反而会招致不必要的负担，甚至引起过敏。很多成分的效果与浓度有很大关系，成分越多，成分含量就相对越少，浓度自然就很低。发挥不了效果不说，这么多的成分带来的成本还要转嫁到消费者身上。对化妆品成分而言，应该是越易吸收越好。简单点说，就是化学分子越小越好，因为小的化学分子容易透过皮肤细胞的细胞膜被细胞吸收。细胞吸收的能力有限，所以成分越多越丰富，皮肤细胞的负担也就越大。

2．10大美颜功效，够全能，但不够科学。

护肤品功效太多，就会由于目标过于分散，反而不能有效发挥作用。美白就是美白，保湿就是保湿，专一的产品相对来说效果会更好。

3．全能面霜，真的能将所有肌肤困扰一网打尽吗？

护肤品的效果因人而异，有的人属于过敏性皮肤，脸部皮肤很薄，对外界刺激敏感，容易发红、出痘。而全能护肤品成分复杂，容易引起过敏的成分较多,所以就不适合这类肤质使用。以量"肤"定制为噱头的护肤品，更是不可能让千人、万人都用这一款。所以，最好的护肤品不是最全能的，而是最适合你的。

错误主张2：清除黑头粉刺，用拔眉夹夹出来就好

备受牛尔推荐的清除黑头粉刺的方法，就是每天"夹"！准备一个功能良好的拔眉夹，先将脸部彻底清洁干净，然后再去角质、做深层清洁面膜或蒸脸，待粉刺已经稍稍冒出头来的时候，用拔眉夹夹住粉刺头，然后轻轻地拉，就能够将恼人的粉刺连根拔起。这种夹粉刺的方法最不伤肌肤，也最不容易造成毛孔粗大以及凹洞疤痕。至于那些没冒出头来的粉刺，暂且忽略，下回再战吧！

全新正解

啧啧啧……实在不敢恭维殿堂级美容专家牛尔老师教授给FANS（粉丝）

的如此“生猛”的美容方法。

一些处于青春期的MM（美眉）脸上长了许多小痘痘，对于爱美的她们来说，这无疑成了一块心病，因此精神上背上了包袱。有的MM（美眉）常常用手去挤，挤粉刺的确有快感，也能立即见效，但绝非治本之道，因为你会发现粉刺很快又回来了，且这样做会带来更大的伤害。用力不当还会造成皮肤发炎，伤及健康细胞，得不偿失。挤小痘痘还会在脸上留下疤痕。另外，这样做也是很危险的。因为面部的静脉没有静脉瓣膜，血液可以在血管内向心或离心流动，细菌可能从痘痘的创口侵入血液，沿鼻外或上唇静脉，以及眼上下静脉进入海绵窦，引起严重的颅内海绵窦感染，危及生命。

有些JMS（姐妹们）常用洗面奶洗脸，以为这样可以去除痘痘。其实不然，这样反倒会刺激它们的生长，因为洗面奶中的化学成分会让油脂分泌增多。另一方面，洗脸次数多了，会减轻皮肤表面的压力，无意中也会促进皮脂腺的分泌。

脸上的小痘痘在医学上被称为“痤疮”，俗称“粉刺”“青春蕾”，是多见于青年的一种皮肤病。青春期时，体内的激素水平增高，刺激皮脂腺充分发育，使皮脂分泌增多，并通过毛囊口排到体外。如果毛囊口阻塞，皮脂就在毛囊内积聚起来，形成一颗米粒大小的疙瘩，用手挤的话，可挤出细条状乳白色豆渣样的物质。阻塞处经过空气的氧化，在其顶端常有一个黑点，称为“黑头粉刺”。

青春痘分两大类：非炎症性和炎症性。非炎症性青春痘的治疗方法和炎症性青春痘的治疗方法不同，它们大部分数量众多，不痛不痒，但是很难去除。粉刺一般是无炎症的，但是毛囊内含有一种特殊细菌——粉刺棒状杆菌。这种细菌会产生溶脂酶，使皮脂分解出一种游离脂肪酸，刺激毛囊表面，从而造成炎症反应，在皮肤上形成红色丘疹。如果用手乱挤，极易被感染形成脓疮，甚至会留下疤痕或使毛孔变得很粗大。皮肤的皮脂腺有一个雄性激素的接受体，有些人的接受体很敏感，所以，如果激素的分泌稍有变动，就会影响到皮脂的分泌。有些女性会发觉，在月经周期前后或在熬夜、压力大时尤其容易萌发青春痘。精神过于紧张或忧虑，会刺激肾上腺素的产生，而肾上腺素本身即可进行雄性激素的正常生长，进而刺激皮脂的分泌。有些女性在成人期会出现油性皮肤，大部分是由于她们的皮脂腺容易吸收雄性激素，并刺激皮脂的分泌造成的。

粉刺是不可能被完全清除的，大多数情形下，皮脂被角质堵塞，无法顺利排出，这时混合着蜡质的皮脂就会渐渐固化，并伴随有氧化的现象。所以，无论你再怎么做好去角质工作，也不可能百分百保证皮脂可以顺利排出。所以，只有将体内的废物排除掉，粉刺的治疗才能真正有效。

消除青春痘、粉刺，饮食是关键。青春痘患者不要吃刺激性、油荤重、糖分高的食品，少吃螃蟹、虾等海生类食物，多吃新鲜蔬菜、水果；油性皮肤者除了要勤洗脸，还要常洗头，且头发不要贴面；注意饮食卫生，保持消化道功能正常，保持大便通畅；注意劳逸结合，保持良好的精神状态，保证每天 7—8 小时的睡眠。

补充维生素 C、维生素 E 和微量元素锌对青春痘有一定的疗效。锌是构成多种蛋白质所必需的，几乎所有的锌都分布在细胞内，它的含量比任何其他的微量元素都更丰富。现在，已知有 80 多种酶的活性与锌有关。锌还可以调节体内能量、蛋白质、核酸和激素的合成代谢，在组织呼吸及机体代谢中占有重要地位。患青春痘后可口服锌制剂及食用富含锌的食品，如牡蛎、肉类、蛋类、鱼类及动物的肝脏等。

对付粉刺，不要认为有“特效药”可以一劳永逸，而要以正确的方法保养，尽量避免粉刺的形成。同时，不伤肤质地将黑头“适度”清理，才是保养护肤的王道！

错误主张 3：DIY 化妆品

牛尔老师主张，左旋 C 美白精华液、荷荷巴清透保湿霜、玫瑰橙花抗皱精露、金盏花舒缓保湿眼胶、蜂蜡椰油护唇膏、红酒酵母蛋黄滋养面膜，这些你梦寐以求的保养品都可以 DIY！

还特别强调精华液、乳霜、防晒隔离霜、眼霜、护唇膏、面膜等化妆品，大家可以用买来的原料按照最简单的步骤轻松调制。

全新正解

先不去说购买那些化学原料的难易程度，单从安全的角度来讲，就已经很是令人担忧。我想，就算是学化学出身的 MM（美眉）也未必敢如此尝试。

第一，化妆品在制造时需要严密的消毒程序和无菌环境，因为一旦产品中微生物含量超标，皮肤就会长痘或者过敏。而在家 DIY 化妆品，绝对无法满足无菌环境这一条件，难保使用后不会感染。

第二，用量上很难把握。DIY 虽然省钱，但非专业人员在斟酌用量时，很容易发生过多或不足的情况，甚至有消费者认为多加一些，效果会更好。这样可能会引发安全问题。例如，左旋 C 可以美白，但如果使用不当，就会造成危害。

第三，保质期几乎为零。因为 DIY 的产品不会添加防腐剂，所以若没有妥善存放，就会出现污染、腐坏的状况，将其涂抹在脸上，发生过敏的概率会大大增加。

第四，制作过程中存在有毒的化学反应。化学物质融合时产生的化学反应，容易制造出有毒气体，比如制作手工香薰皂，必然要用到油脂和强碱，而用蒸馏水稀释强碱时挥发出的气体对鼻黏膜的伤害是巨大的。

第五，化妆品的配方只是一部分，制作是一个精细的过程，需要技术支持。举个最简单的例子——做菜，同样的原料，因为添加的先后顺序、用量的多少以及火候的掌握不同，会出现或好吃或难吃的状况。更何况是种类繁多的化学品调制？尤其是乳化过程，如果拿捏不好，就会造成水油分离，甚至令某些成分失效。

第六，出现过敏反应，没地方说理。如果你购买了一款正规厂家生产的化妆品，使用后出现了过敏反应，至少有地方说理。而使用自己 DIY 的化妆品，发生的一切后果只能自己承担。

给美丽尤物吴佩慈纠错

代表书：《新尤物主义：美丽达人》

台湾美女吴佩慈19岁出道，被称为“九头身美少女”，拥有凹凸有致的身材，是美容大王大S推崇的“真正的美容大王”。吴佩慈爱美是出了名的，她说：“我爱美，也希望大家都爱美，学会美。美丽，是要和大家分享的！”吴佩慈有她自己独创的一套美容、美体方法，并乐于与大家一起分享。

错误主张 1：喷雾保湿化妆水，能为肌肤补充水分

敏感性肌肤最常出现肌肤油脂分泌过少的问题。没有油脂的保护，肌肤很容易缺水。如果肌肤已经出现明显的干燥受损状况，一味地补充油分或水分并无法为干燥肌肤解渴。吴佩慈说她的经验是，使用喷雾保湿化妆水，将其均匀喷于脸部后，用面纸轻轻按压，为肌肤补充水分，并可带来清凉保湿效果，镇静肌肤的灼热不适感。

全新正解

“使用喷雾保湿化妆水，将其均匀喷于脸部后，用面纸轻轻按压，为肌肤补充水分。”吴美人介绍说：必须用纸巾吸掉最后的水分，以免喷雾后将皮肤自身的水分带走。那么，如果喷雾的水分不被吸收，岂不是没有用处了吗？如果在彩妆上喷雾，水分也能被吸收，那么毛孔不是将彩妆的某些成分也吸收进去了？所以，吴大美人的靓招不可用噢，小心靓招变损招，那就惨了！

追根溯源，大部分极度缺水的肌肤都是敏感肌肤，肌肤缺水造成角质产生缝隙并松动，抵御外界刺激的功能减退。敏感肌肤的 MM（美眉）可以尝试针对敏感性肌肤的药方护肤产品，如果使用药方护肤产品后，肌肤敏感问题还是未能解决，就需要向医生求教！

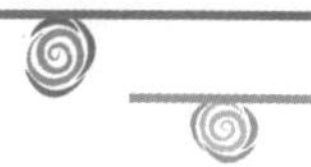

适合敏感性缺水皮肤的正确保湿方法

1. 注意那些香气过重的产品。含酒精和果酸成分的产品对皮肤刺激大，对敏感性肌肤更是雪上加霜。绝不要使用深层清洁的磨砂膏和去角质霜，它们都会让过敏情况加重。

2. 在保湿的范围内挑选护肤品和彩妆品，干燥会加重敏感问题。使用非常柔和的眼部卸妆乳，用化妆棉吸取，擦拭后，再用棉签清除细微残留物。

3. 一般的洁面产品容易带走水分和油分。最好选用轻柔、保湿的洁面液清洁面部。特别敏感的皮肤可能对硬水也会产生反应，不妨使用含有舒缓因子的矿泉水喷雾来清洁面部。

4. 洁面后立即用毛巾按干脸上的水分，防止水分蒸发。

5. 选用低敏的保湿霜，不但能补充水分，更能阻止外界的部分敏感源。

6. 选用抗敏感的保湿面膜以及专为敏感皮肤设计的精华素。

还是要提醒大家，虽然一些美容方式不至于有害，一些美容达人的名号也叫得响亮，但读者还是要想清楚，千万别照单全收！

错误主张 2：狂喝柠檬水，能够快速减肥

柠檬是一种营养和药用价值都极高的水果。除了糖类以外，还含有钙、磷、铁及维生素 B_1、维生素 B_2、维生素 B_3（烟酸）、维生素 C 等营养成分。柠檬中所含的一些物质有减肥功效，可以使你在享受柠檬美味的同时，让你成为一个美貌与身材俱备的出众女人。

全新正解

柠檬水确实可以解渴，还能冲淡想吃东西的欲望，但有效减肥在医师看来

却是无稽之谈！

柠檬耐久易存，富含维生素C，能防止牙龈红肿、出血，还可减少黑斑、雀斑发生的概率，并有部分美白的效果。柠檬的美白功效不能小看，经常喝柠檬水绝对有惊人的美白效果。此外，柠檬皮也含有丰富的钙质，所以为了达到理想的效果，最好还是连皮榨汁。

酸酸的柠檬多食伤胃，易影响消化功能，还会有酸入肝，春天不宜多食，夏秋季食用效果较好。值得注意的是，柠檬摄入时也不能肆无忌惮。很多女性为了美容，每天喝大量柠檬水而伤了胃。因此，喝柠檬水也要适量，每天不宜超过1000毫升。此外，由于柠檬的pH值低达2.5，因此胃酸过多者和胃溃疡者不宜饮用柠檬水。因为柠檬中的柠檬酸属酸性，早上空腹饮用的话会刺激胃黏膜，严重时还能引起胃溃疡。另外，不要喝隔夜的柠檬水，否则变质的柠檬水会导致拉肚子。牙科医师表示，如果想喝柠檬水减肥，切记多刷牙，免得柠檬汁酸性物质残留在牙齿上，到时候变成全口蛀牙，得不偿失。如果实在想在早上喝杯柠檬水，可以在早饭后，将柠檬汁冲淡，最好加上一些蜂蜜后饮用。因为柠檬含维生素C，可以美白，而蜂蜜可以使皮肤细腻。喝柠檬水减肥，必须搭配每天15分钟的运动，不必持续进行，分散时间亦可促进排汗，帮助排出体内的有害物质。

看着明星光彩夺目、身材婀娜，现实生活中有不少MM（美眉）开始百分百照搬、照抄明星美容法则。不过，并不是每个明星的“秘方”都是安全可靠的，所以爱美的MM（美眉）们还是不能盲目跟风。

给香港著名艺人陈松龄纠错

代表书：《黑美人变成白雪公主：松松美容魔法》

香港著名影星陈松龄笑言自己并不是天生丽质，而是靠后天的保养，同时非常细心地呵护肌肤，才有今天的靓丽风采。和打理生活一样，美容也需要打理，既要用心，也要操练。少一点盲从，多一点理性。用一个月时间把外表修整一番，变成一个全新的、美轮美奂的自己，心情和感觉也会因此改变！陈松龄首次公开自己健康省钱的 DIY 变靓法术，宣称：一个月焕然一新，两个月脱胎换骨！

错误主张：DIY 果蔬美容，健康省钱随便用

《黑美人变成白雪公主：松松美容魔法》以介绍健康省钱的 DIY 变靓法术为主。这些“魔法”主要是“土方”，包括早上榨柠檬汁时，顺便把手肘放在半个柠檬上转两转，可以软化肘部的死皮；把海盐和一茶匙甘油混合，涂抹在双手上轻轻按摩，然后冲洗，这样可以治主妇手，等等。松松言：“果蔬蕴藏着许多神奇的力量，维生素和矿物质等营养元素加上水果温和的特色，能带给肌肤意想不到的加倍滋润效果。果蔬面膜或水果美肤水，在家就能轻松 DIY，方便又有趣。不过，要告诉大家的是，因为果蔬美肤品的材料一般是天然的果蔬，正因为全天然不含人工添加物，所以在保存期限上要格外注意，最好是现做现用。如果不能一次用完，就一定要放到冰箱中，贮存也不要超过一星期。制作时，手一定要先洗干净，装盛或使用的器皿也要保持清洁。我在做果蔬面膜时，为了对肌肤更好，通常会加上蜂蜜、纯质橄榄油或柠檬汁等，来帮助收敛肌肤和保持滋润度，让柔嫩肤质的效果更棒。如果是干性肌肤，可以加入几滴天然植物油或蜂蜜来保湿和滋养肌肤；如果是油性肌肤，就需加一点点柠檬汁来收敛、紧实肌肤。奶制品也常被拿来调混在面膜中，牛奶能洁净与美白肌肤。而优酪乳富含乳酸，适合各类型的肌肤，不仅能促进肌肤新陈代谢，还能增加肌肤的白皙光泽和弹性。不过，加入奶制品的水果面膜更需要小心使用和保存，以免面膜腐坏。”

全新正解

现在 DIY 面膜很流行，如珍珠粉、薏仁粉、白芷粉、绿豆粉、绿茶粉等，加上面粉、蛋清、牛奶、蜂蜜、维生素 E、纯净水等混合之后敷脸，美白、祛斑、保湿、去痘……简直无所不能。但这些 DIY 面膜真那么有效吗？看到网上一堆赞美 DIY 面膜、在家 DIY 面膜的帖子和视频，MM（美眉）们都把 DIY 面膜当成了省钱的窍门。

很多 MM（美眉）看到的电视及杂志宣传的 DIY 面膜，创意不错，但实质上对我们皮肤的帮助实在很有限。可能在刚做完时感觉有一些效果，但到第二天，肤质又恢复成原来的样子。原因就是这些 DIY 面膜成分很天然，并没有经过科学技术的处理。一般来说，分子太大，不能被肌肤吸收，虽然有趣、省钱，但是没有效果，所以聪明的你要好好考虑一下哟！

究竟是花钱美容，还是省钱毁容？还是那句老话，用对了地方就立地成佛，用得不对就立地成烧饼。今天就跟大家浅谈 DIY 面膜少有人知道的一面。

DIY面膜9大错误理念纠正

1.DIY 面膜吸收很快？

纠正：DIY 面膜吸收未必很快。像一些用纯天然材料制成的面膜，例如水果、蛋白、珍珠粉、绿茶粉之类，其实这些面膜只能给皮肤表层补水而已，因为没有经过技术加工的天然材料分子太大，很难穿透皮肤，更别说会被皮肤吸收，产生 MM（美眉）希望要的效果了。

真正的省钱办法是使用柔肤水、纯露泡面膜纸来做面膜，比如用玫瑰纯露。因为纯露已经是植物萃取的精华，经过安全技术加工后分子小，可

DIY面膜3大注意事项

1. 根据肤质选择面膜类型

干性皮肤可选择保湿、滋润面膜，而油性皮肤则要选择清洁、营养面膜。泥膏型面膜虽然清洁效果很好，但内含大量防腐剂，并且成分中矿物质的含量较多，所以敏感性肌肤应该谨慎使用。乳霜型保养面膜的效果更接近晚霜，比较适合敏感性肌肤。

2. 根据肤质选择面膜成分

皮肤大致分为油性、干性、敏感性和混合性四类，而不同特性的面膜适应的肤质不同，因此应该谨慎选择。如香蕉泥适用于干性皮肤；苹果、黄瓜或番茄有敛聚作用，适于油性皮肤；蜂蜜有滋润和收敛皮肤的作用，可防止皮肤早衰；蛋白面膜具有除垢、去皱、抗衰老作用，适于各种类型的皮肤。

3. 根据肤质及季节变化适当调节

面膜的成分和类型要根据自己的肤质及季节变化来选择。夏季，汗腺和皮脂腺分泌活跃，可以多用一些清洁和收敛作用的面膜，如黄瓜面膜；冬季，皮肤干燥，可多用保湿和营养皮肤的面膜，如牛奶、蛋清和香蕉面膜。

以渗入皮肤内。纯露制作的面膜渗透力强，渗透速度快，制作简单并且安全可靠，很适合面膜控。

2. 制作面膜所用的材料越多越好?

纠正: 现在的MM（美眉）们DIY面膜，巴不得汇集美白、补水、保湿、晒后修复、抗皱等所有功效，因此DIY面膜的时候什么东西都往里扔。这样做是不是就能达到你想要的效果呢？不！自制的材料最好只用2—3种，太多的话会给皮肤造成负担，容易使皮肤出油、长痘痘，甚至会把你的皮肤变成非常脆弱的敏感性皮肤！

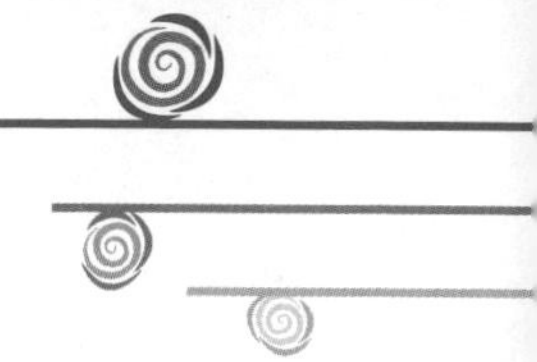

正确选择面膜材料很重要，要弄清楚不同材质的不同作用。比如豆粉类适合用来吸油脂，蛋白可以消炎，蛋黄可以用来清洁。

3. 天然材料适用任何皮肤?

纠正：这也是一种误解。举几个简单的例子：绿茶粉中叶绿素的光敏感性会引起色素沉积；芦荟、小黄瓜、柠檬若没有经过萃取液，直接拿来敷用，极易产生红肿、过敏的现象。不少人对水果的特性不够了解，比如柑橘类的水果大多会有光敏感的问题，敷完后，脸如果接受阳光照射，更容易让皮肤变黑，引起发炎、红肿。可导致日光性皮炎的果蔬有黄瓜、西红柿、红葡萄、无花果，等等。所以敏感体质的人不能随便将新鲜果蔬的汁液敷到脸上，对于易患荨麻疹、皮肤湿疹或患有支气管哮喘等过敏性疾病的人，用新鲜果蔬敷面美容更应谨慎。

4. 天然材料的面膜可以敷久一点?

纠正：别天真了，一定要在面膜还没有完全干掉之前洗掉，因为干的面膜会倒过来吸收皮肤的水分。一般的面膜无论是用纯露、黄瓜水、芦荟水，还是用水果、牛奶、蛋黄、蛋白做成，敷 20—30 分钟就足够了。MM（美眉）们可以在面膜上加一层面膜纸，大约 20 分钟后，面膜纸的边缘有点干，这时就可以洗掉了。清洁的时候一定不能用力拉扯，否则会拉伤皮肤。尤其是材料中有柠檬等果酸比较高的成分时，果酸融掉一层角质后的皮肤是非常脆弱的，所以这个时候千万不能用力拉扯。

5. 各种水果都可制成面膜?

纠正：无论是哪种水果 DIY 面膜，由于没有经过化学程序乳化处理，它的成分不易被皮肤吸收，只能起到暂时滋润的效果。而且，并不是所有的水果都适合做成面膜，所以应该慎用。推荐使用黄瓜面膜，既经济又有效。

6.DIY 柠檬汁 + 奶粉唇膜可以去嘴唇色素?

纠正：柠檬具有美白的功效，但是使用奶粉是不对的，不过“柠檬汁 + 酸奶”却是很好的组合。如果我们把柠檬汁滴在奶粉里，奶粉会变得像水一样，如此一来，柠檬破坏了奶粉的结构，相应地，柠檬的美白成分也被破坏。但如果换成酸奶，酸奶含有凝乳酶的成分，会保持柠檬的原有成分。

7. 辣椒唇膜令嘴唇红润?

纠正：在一些产品中，特别是减肥的产品，会用到辣椒，它的有效成分(辣椒素) 可以起到燃烧表面脂肪的作用。但是，如果我们把 DIY 的辣椒涂抹到嘴唇上后，首先会被辣到不行，而且，久了之后还会发现有纵向皱纹出现。

8. 做面膜前一定要去角质?

纠正：在做面膜前保持肌肤的清洁是很有必要的，但是未必每次都要去角质。皮肤的角质层是皮肤的天然屏障，具有防止肌肤水分流失、中和酸碱度等作用。角质层的代谢周期为 28 天，即角质层每 28 天代谢一些枯死的细胞，因此去角质最多一个月做一次，过于频繁地去角质，会损伤角质层。此外，敏感性的肌肤更不能频繁去角质。

9. 油性肌肤用清洁面膜即可?

纠正：油性肤质的 MM（美眉）敷面膜是相当有必要的，并不仅仅选用清洁面膜就 OK，还可以选择两种面膜——控油面膜和保湿面膜。因为在干燥季节，皮肤会出现又油又干的情形。可以在某一星期中选一天做控油和保湿面膜，隔一星期做深层清洁和保湿面膜。

总而言之，天生一物克一物，并不是说纯天然材料做的面膜就是百分之百的安全有效。像柠檬这种酸度较高的水果，直接敷在脸上太过刺激，而且果蔬残留的农药曾经引发脸部溃烂的问题。若是皮肤上有伤口，不小心用到已经滋生细菌的腐坏的素材，还有感染细菌的危险。许多人说用了以后感觉

效果不错,其实没有经过萃取有效成分的 DIY 面膜通常只能进行简单的补水、保湿和基础清洁，当你的脸得到补水和清洁后，细纹当然没了，脸也比用之前白了，好像没有那么油了……都是瞬间的错觉，也就图个心安而已，其实不如已经经过萃取的玫瑰纯露。

《黑美人变成白雪公主：松松美容魔法》书中所讲的基本全是 DIY，操作起来很麻烦，也有很多不安全因素。请各位 MM（美眉）谨慎试用哦!

给台湾知名艺人侯湘婷纠错

代表书：《美女大变身》

她一直凭借清纯的外表、干净的声音受到很多人的喜爱，她演唱的《我是一只鱼》《暧昧》曾经在年轻人中广为传唱，她就是侯湘婷。

谁不想变成美女？可如何在短时间内瘦得恰到好处、瘦得健康？台湾知名艺人侯湘婷通过自己的亲身经历告诉您最切实可行的好方法。侯湘婷的这本《美女大变身》可以让每个女孩都能变成小美人，在爱美格斗场上胜出！

错误主张："精油控"，从身体护理到头发护理，言必称"精油"

侯湘婷坚持30天变身计划，从身体护理到头发护理，言必称"精油"。湘婷在家DIY的各类精油令人眼花缭乱，对精油的使用更是百无禁忌。

全新正解

精油护肤越来越被都市女性所接受，只要几滴就可以舒缓、解压、美肤……总觉得好处多得无可挑剔。其实精油使用起来有很多讲究，如果不能绕过这些错误陷阱，再好的精油都会被白白浪费掉。想要高效使用精油，8个误区要牢记哦！

误区1：可以在家DIY精油

在精油的实际使用过程中，人们常常因为对精油知识的不了解而造成困扰。

例如，用买到的5%的玫瑰精油直接涂在肌肤上导致过敏；使用薰衣草改善睡眠，却因过量使用而兴奋失眠。精油的应用实际上是芳香疗法的范畴，虽然用于芳香疗法的精油基本上没有绝对的搭配禁忌，但由于精油的调和存在适合与不适合、完美与不完美的问题，所以喜欢DIY精油的MM（美眉）们，最好到专业的芳香疗法学术机构学习。

误区2：精油只是美容保养品而已

很多消费者认为精油只是一种纯天然的肌肤或身体的保养品，可以美白、除皱、减肥、丰胸，等等。

但实际上，精油所具有的功效可远远不止如此呢！精油对肌肤的帮助是由内而外的，是从心灵的健康向外扩展到身体的健康，再外扩到肌肤的健康和美丽，这是任何昂贵护肤品都无法做到的。

误区 3：口服精油对美容更有效

不但不能口服精油，直接使用纯精油也是不可以的。纯精油的浓度很高，是绝对不允许直接接触肌肤的（茶树、薰衣草精油除外），必须经过稀释后方可使用。

所以，按摩或保养使用的精油一定是经过稀释调配后的复方精油，复方精油才可以直接用于肌肤上。

误区 4：精油可以加入面霜中使用

自作主张地将精油加入面霜中，后果就是一瓶好好的面霜变质了！水油分离了！味道不对了！

原因何在呢？问题出在面霜里。由于精油是纯天然植物性的，如果遇到化工合成的物质或人工香精就会有反应，造成以上现象。所以在自行调配的时候，要选择同样是天然成分的面霜产品才可以。

误区 5：精油使用频率越高越好，使用量越多越好

喜欢精油的人常常会犯这样的错误，把太多的精油用在自己的身上，实际上这会适得其反。

精油是精纯的天然物质，浓度很高，即便经过稀释也并不是使用得越密集越好。适量使用会让精油发挥很好的功效，而过多使用则会造成肾脏的负担，让自己的身体感到不适。

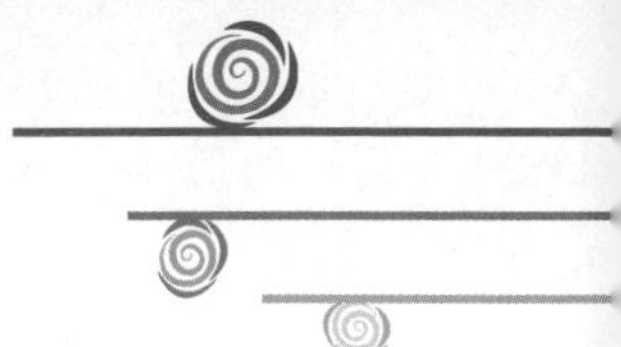

误区 6：精油含有激素，经常使用会产生依赖感

精油是没有任何添加剂的纯植物精华，不同于药品或是激素，不会造成上瘾，也不会导致肌肤的依赖感。因为它的功效是激发个体自身的潜力和潜能，而不是取代自身功能。

精油中通常含有醇、醛、酯、酮、氧化物、酚等基本化学物质，每一种化学物质都以特定的方式发生反应并发挥其功能，从而决定了精油所具有的功效。

误区 7：香薰用的精油不接触皮肤，可以使用便宜精油

精油的香气调节情绪的功效与精油进入人体作用于器官的功效是同等重要的。所以千万不要误认为室内香薰用的精油只要香气袭人就行，从而选择那些价格便宜的劣质精油。

价格低廉的精油往往是化学合成的，这种化工成分模拟的“香味”会刺激神经系统，造成头晕、胸闷，甚至恶心、呕吐的不良后果，会对人体造成伤害。

误区 8：生理期不能使用精油

实际上，芳香精油对生理期的肌肤调理及精神舒缓都有着非常显著的效果，因为精油不但可以疗愈器官上的不适，更美妙的是，它还可以照顾到情绪上的问题。

例如柏树、天竺葵、生姜等精油对生理期的调养效果都非常好。针对常见的几种症状，精油的配方如下：

- 肤色黯淡、生理期不规律：玫瑰 + 柏树 + 天竺葵
- 肤色苍白、经血流量减少：紫苏 + 柏树 + 天竺葵
- 肌肤干燥、痛经严重：薰衣草 + 生姜 + 迷迭香

除了这 8 个误区，我们还要注意精油使用时经常出现的 9 个问题，只有

这样，才能尽量避免精油带给我们的伤害。

1. 复方精油可以直接涂抹到皮肤上吗？

复方纯精油是纯单方精油的混合物，一般不能直接使用，不然有可能造成精油灼伤及浪费。但复方精油是把几种单方精油调入基础油或其他媒介物中，可以直接用于皮肤上，也可以用来香薰、按摩等，不同配方有不同功能。

2. 复方精油是直接涂到脸上，还是先在手中搓热再涂到脸上?

两种方式都可以。若只是当作滋润功能,又不喜欢太油腻的感觉的话，可以先在手心搓热了之后轻轻压到脸上，同时呼吸精油的清新气味；若是肌肤需要多一些的滋润，可以直接点在脸上，之后用画圆的动作轻轻按摩全脸,就当作是脸部的按摩,这样更有助于精油的吸收,肌肤也会更有弹性！按摩大约 1—2 分钟之后，若是觉得油腻，可以把多余的油分用面纸压一下，之后再喷一点点纯露！记得别忘了吸入精油的气息！嗅觉是芳香疗法最重要的一个媒介，精油稍微经过手心搓揉后，芳香的分子会更快速地被吸收。另外，每周使用按摩的方式 1—2 次，将一些具有排毒、净化功能的精油涂在脸上，当作脸部的一个特殊保养 SPA，对于肤质的改善会更有帮助！

3. 以前都用乳液，但最近很流行用精油，不知哪一种比较适合？

精油跟乳液最大的不同点就在于，乳液的成分同时含有油和水，而精油的成分中没有水，因此它的滋润度当然比乳液好。但是也有些人不习惯精油的触感，乳液因为含水，会比较好推，两者的使用感觉蛮不同的。复方精油有一个好处是可以用来按摩身体。乳液吸收较快,若是较长时间按摩,有时候会觉得干干的，甚至搓出屑屑来。而使用精油按摩的话，总是觉得触感很滑。

4. 精油适合白天搽吗？

搽精油的时机要稍微注意（当然纯精油不可未经稀释直接使用），那些会引起光敏反应的精油要避免白天用，即使晚上用了白天也要做好防晒工作。具有光敏性的精油白天不能使用，如佛手柑、柠檬、苦橙等柑橘类的精油。葡萄柚、甜橙和红柑等精油虽然没有光敏性，但是使用时也要注意。如果你确实要在白天使用，大百科上的建议是稀释到2%以下的浓度，让它的光敏性消失。但是最好还是不要冒险使用。想更好地使用精油，最好参考一些芳香疗法书籍以及信息网站。

5. 不开封的精油可以保存多久呢？开封的话，又可以保存多久？

如果不开封，使用期限一般是三年。复方精油中的单方精油成分可以保存非常久，因为它们本来就是天然的杀菌防腐剂。所以，复方精油变质跟基础油的氧化有很大的关系。开封后若是保存得当，几乎没有变质氧化，保存期限就会很长；反之，保存期限就会变短。因此，产品用完之后尽量避免在瓶口上留下残油、盖紧瓶盖、不用不干净的手接触瓶口、将瓶子置于阴凉处等，都是延长精油保存期限的好方法。

6. 精油可以取代一般市面上的保养品吗？

看个人需求，如果复方精油本身已经有保养成分，就可以取代其他保养品。如果感觉好就不必再加其他东西，避免给皮肤增加太多的负担。

7. 如果还要用纯露或其他保养品，应该按怎样的步骤使用呢？

精油通常在纯露之后使用。精油在两个小时左右就会被皮肤完全吸收，所以在使用复方精油后可以再加精华液、乳液、面霜等，让皮肤多一层保护。否则，用复方精油数小时之后，皮肤表层的状况（明亮度或保湿状况等）反而比搽一般的保养品逊色。

8. 被单方精油灼伤怎么办?

如果不慎被单方精油灼伤，应马上用手边的基础油清除皮肤上残留的精油。因为精油不溶于水，因此不要用水冲洗，可待基础油擦拭干净后再用水洗。事后多喝水，帮助身体代谢精油。

9. 精油在皮肤护理中的使用程序是怎样的?

化妆品的使用按从小分子到大分子的顺序进行。夏季，精油使用后一定要搽一层防晒的东西。分子按照从小到大的顺序是：水—油—精华液—乳液。

想要正确使用精油就要先好好了解它。精油是从植物的花、叶、茎、根或果实中，通过水蒸气蒸馏法、挤压法、冷浸法或溶剂提取法提炼萃取的挥发性芳香物质。

需要注意的是，精油未经稀释最好不要直接使用。精油的挥发性很强，一旦接触空气就会很快挥发，也是基于这个原因，精油必须用可以密封的瓶子储存，开瓶使用后要尽快盖上盖子。

事实上，精油的使用是有很多讲究的。首先要了解精油的种类，然后还要了解不同精油针对的不同肤质与肌肤问题。侯湘婷大美人的各类精油使用方法并没有告知“精油控”们需要注意的重要细节。所以，建议想要使用精油的MM（美眉），为求稳妥，一定要经过专业培训或由专业美容师来操作使用精油。

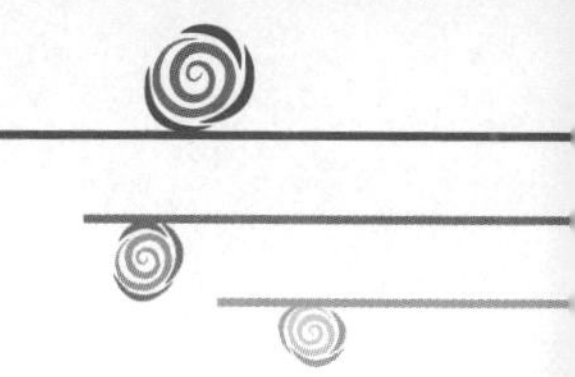

给星级辣妈翁虹纠错

代表书：《时尚虹颜》

她是1989年亚洲小姐冠军，她是国际选美六项大奖的得主，她是著名香港影视歌三栖明星。褪去选美的光环，她依然是美的代言人、时尚的弄潮儿。《时尚虹颜》毫无保留地将翁虹产后最私家的塑身保养秘籍与大家分享，将实用性和可操作性完美结合，从头到脚打造了中国数万时尚辣妈。这是被喻为“不老的神话”的产后保养秘籍，“美丽代言人”的幸福保鲜鸡汤。

错误主张：每周两次去角质能控油

辣妈翁虹介绍给读者的有效控油方法：彻底清洁面部，除了之前介绍的洗脸步骤之外，你还可以每周进行两次去角质与面膜清洁，它能避免油脂堆积，排出老化角质，维护皮肤新陈代谢正常，令肌肤自然健康。

全新正解

每周两次的去角质绝对太频繁。日常去角质，需要根据肤质的不同来确定去角质频率。油性皮肤去角质，每周一次；干性皮肤建议每月一次。混合性皮肤可分区域去角质，出油多的“T”字区可每周一次；干燥的“V”字区，三周一次。至于敏感性皮肤，不建议去角质。

人体的新陈代谢使面部皮肤的角质层很容易堆积增厚，这时候为肌肤去角质可以让皮肤减轻负担，呼吸更加畅快。但是，肌肤的角质层也有非常重要的作用，可以防止阳光伤害皮肤组织，抵挡外来有毒物质对体内的侵害，有效防止一些微生物、细菌的入侵，抵抗风吹、日晒、雨淋等外来刺激。因此，如果频繁去角质，会违背皮肤的自然代谢规律，尤其在盛夏季节，肌肤失去角质层的保护后，很容易发生接触性皮炎，细菌的感染率也会相应增加。同时，一定要使用温和去角质的产品，避免使用具有粗大颗粒成分的产品，因为粗大颗粒成分很容易因为过度去角质而伤害到肌肤真皮层，造成肌肤过敏、红肿。国外，特别是美国的一些去角质产品里面

哪种去角质产品适合你

A 磨砂膏：普及度最广的去角质和深层清洁护肤品。经过多年的更新换代，溶在乳液中的颗粒已由合成原料变成了天然的植物或矿物纤维，使触感更加柔和。

适合：毛孔粗大的额头和爱出油的鼻翼两侧，但不能有正在红肿发炎的痘痘。

B 去死皮素：含有软化剂，能够吸附在表层的角质细胞上，没有磨砂膏的粗糙感，但剥离的过程抻拉肌肤，容易导致肌肤失去弹性。

适合：干性肌肤、混合性肌肤“V”字区。

C 柔肤水：看起来像普通的化妆水，不过其中含有能够溶解死皮、促进角质脱落的添加剂。

适合：所有肤质。由于质地清爽，特别适合轻微发炎的暗疮肌肤。

D 陶土面膜：由富含丰富矿物营养的火山泥浆制成，能够深入清除肌肤的残余污垢，舒缓敏感症状。

适合：油性肌肤、敏感性肌肤。

E 海泥面膜：富含深海微量元素的深层清洁面膜，能够软化角质，同时将营养送入肌肤深层。

适合：偏油的混合性肌肤、缺水的油性肌肤。

的颗粒成分很粗大，并不适合拥有细嫩肌肤的亚洲人使用。

自己在家去角质时，手法上要注意哪些问题？

去角质的手法同一般的按摩动作基本相同，要顺着肌肤纹路，在额头处往上轻打螺旋或直接横向揉搓；脸颊部分则是由下往上轻搓；在鼻头的地方往前或直线上下搓揉。整套动作的力度一定要轻，感觉要和缓舒服，否则会对肌肤造成无谓的伤害。

每周两次的频繁去角质方法可能是最直接伤害肌肤的“美容大法”了，因为这会直接伤害到皮肤真皮层。对明星们光滑透亮的白皙肌肤羡慕不已的MM（美眉）们，千万别让明星的错误护肤观念忽悠了你。

给“五感美人”许茹芸纠错

代表书：《五感美人》

许茹芸有着高亢清亮的声音，能将歌曲诠释得扣人心弦，听她唱歌，是一种既幸福又绝美的享受；生活中的许茹芸，卸下歌手的身份，一派素雅，一袭简单的服装、一本书、一曲音乐、一部戏剧，就可以生活，优雅而舒适。许茹芸将最真、最纯的心化成文字，记录和分享自己的生活点滴、保养心得、心灵养分……让每一个人都能从文字里去亲近她、了解她。《五感美人》这本书，是她最真、最美的呈现。它不只是私密的保养心得分享，同时，也是提供给每一位希望内外兼修的女性的最实用的身心美丽指南。愿所有的女性朋友们都能用心地感受自己的生活，寻找到适合自己身心的最佳保养方式。

错误主张:“温度游戏”,紧缩你的毛孔

强烈的紫外线使毛孔加速衰老;空调房的干燥空气让肌肤失水,使毛孔分泌出大量的油脂;空气的污染尤其严重,黑头布满鼻子、堵塞毛孔……各种各样的毛孔问题变得尤为突出,救肤行动刻不容缓,马上拿起勺子,用冷热交替的按摩方法帮毛孔进行锻炼,恢复其自然弹性吧!冷热锻炼交替进行,就能恢复毛孔本来的张开和闭合能力。

全新正解

“温度游戏”真的能紧缩你的毛孔吗?毋庸置疑,答案是肯定不能,毛孔的粗大是由于肌肤老化,而肌肤的老化问题是不能简单地靠这种“温度游戏”轻易解决的。

随着年龄增长,会发现粗大的毛孔已经从“T”型区转移到两颊。此类毛孔是因为肌肤弹力组织萎缩,使毛孔渐渐往纵向拉长,形成“雨滴形”毛孔。

北京解放军空军总医院皮肤科田燕医生指出,健康、青春的肌肤具有丰润的细胞,使皮肤光滑、细致、有弹性。可是在皮肤老化的初期,由于血液循环逐渐不顺畅,皮肤的皮下组织脂肪层容易松弛、缺乏弹性,毛孔周围的细胞张力减弱,皮肤老化的症状——毛孔粗大,肌肤粗糙、干燥等现象开始出现。同时,老化的肌肤由于细胞新陈代谢减慢,角质层得不到

紧致毛孔的有效方法

1. 重塑支撑力：由于肌肤衰老造成毛孔粗大，只有选择有抗氧化和紧致功效的护肤品，才能起到收缩毛孔的效果。完美的抗老化紧致产品 =40% 的保湿 +30%抗氧化 +20% 促进胶原蛋白增生 +10% 加速细胞新生，这几个功效缺一不可。还可以选择含有玻尿酸、胶原蛋白、多酚类、辅酶 Q10、红石榴精华、天然保湿因子、花青素、氨基酸、汉方、胜肽类、维生素 C、激素、生长因子等成分的保养品，来对抗因衰老而造成的“橘皮”毛孔。

2. 提升肌肤“含水度”：肌肤健康的基础就是水分。肌肤细胞内有了充足水分，就能让细胞间的空隙变小，毛孔自然也就变小了。因此，建议大家在基础护肤后使用保湿精华液，它可以帮助脸部储存大量水分，再搽上具有锁水效果的凝霜，两颊粗大的毛孔就会在不知不觉中消失。

及时更新，堆积在毛囊周围，也会使细胞毛孔逐渐粗大。因此，细胞毛孔粗大是肌肤老化初期重要的皮肤问题，是肌肤开始老化的警钟，但也是最容易被大家所忽略的早期老化现象，可谓抗老的头号隐形杀手，不可不重视。

雅芳护肤研究中心对世界各地 25 岁以上的女性进行调查发现，毛孔粗大是肌肤初期老化的重要问题。伴随着年龄的增长，女性在 25 岁以后就出现各种各样的肌肤问题，尤其是毛孔越来越粗大。消费者调研结果显示：毛孔粗大是继细纹、色斑之后女性最关心的肌肤问题。顽固的、较难去除的粗大毛孔主要是由皮肤老化引起的，而不仅是由以前所知道的油脂分泌旺盛导致的。

五感美人的“温度游戏”并不能真正解决毛孔粗大问题，要想及时解决，就要选择成分安全又有效的产品，这样才能发挥功效，实现永葆青春的梦想。

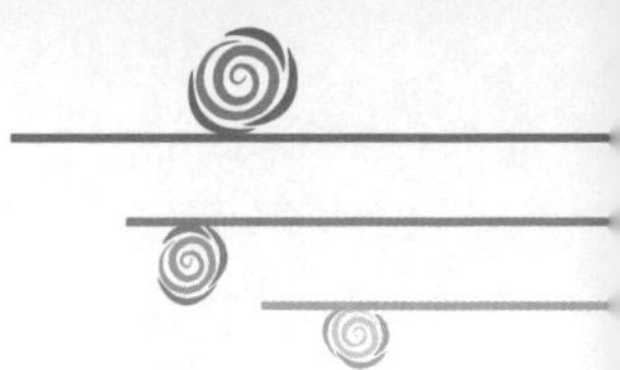

给美丽教主伊能静纠错

代表书：《美丽教主之变脸天书》

爱美成癖的美丽教主伊能静抱着神农尝百草的精神，在完成各种美容方法后倾囊相授的进化秘诀，囊括多种美脸基本功，让你由深层美到表面，由内美到外，美得淋漓尽致、浑然天成！

错误主张 1：用洗眼液清洗眼球，令眼睛更明亮

以拥有黑白分明、无红血丝、干净有神采的眼球而闻名的美容教主伊能静说，熬夜后眼球会泛黄，此时可以用洗眼液清洗眼睛。她保持这个习惯已经好多年了，教主甚至将此法推荐给好朋友，还一直说怎么没早点儿发现这样的好方法！

全新正解

眼科专家紧急呼吁，千万不要用洗眼液乱洗眼睛！因为各种液体都会破坏眼表的微环境，造成眼角膜的损害，时间长了还会造成眼角膜糜烂。润洁也曾推出过一款洗眼液，后来因为出现对眼角膜造成损害的情况而停止生产了。

自洗眼液上市以来，受到许多白领人士的青睐。然而，很多白领女性却因使用洗眼液不当而患上了角膜炎。办公室白领每天都要在电脑前坐很久，为了缓解视疲劳、眼部干涩等不适症状，很喜欢用洗眼液。但日久天长，很多女性发现自己的眼睛越来越不舒服，去医院检查，被确诊为角膜炎。很多女性说，自己那么注意用眼卫生，每天都定时用洗眼液清洁眼部，怎么会患角膜炎？大多数人认为，用洗眼液洗眼是保护眼睛的好习惯。冬季空气干燥，眼睛容易干涩、肿胀，很多人习惯用洗眼液来缓解各种不适症状。此外，佩戴眼镜的人和经常使用电脑的人都喜欢用洗眼液。殊不知，正是这一习惯对眼睛造成了伤害。医生解释说，目前市面上洗眼液的主要成分

是由人工泪液加纤维素和一些维生素组成，有的还会添加营养剂、杀菌消炎成分和一些防腐剂。经常洗眼，不但会造成药物依赖、眼睛的自洁功能下降，还会对眼角膜、结膜造成伤害。用含抗菌成分的洗眼液还可能使眼内细菌产生抗药性，眼睛一旦出现感染，治起来很不容易。眼睛如果有炎症，过度洗眼还可能使原本轻微的角膜炎转成角膜溃疡等。其实，眼泪本身就对结膜囊有清洁和保护作用，因此，改善眼睛干涩状况的最好办法是不时地眨眼。洗眼液对长时间用眼造成的疲劳、干涩能起到一定的缓解及养护作用，对轻微的眼部炎症也有一定的辅助治疗作用。但这并不是说洗眼液可以随便使用，尤其不能长期使用。因为有些洗眼液中含有少量防腐剂，经常使用对眼睛健康不利。同时，由于洗眼液的成分主要是人工合成泪液，经常使用会使眼睛过于依赖这类产品，从而导致正常的泪液分泌功能退化。使用洗眼液应遵循医生的指导，而且每天使用的剂量、次数应符合科学要求，以达到最佳效果。

为爱美女性介绍如此的美丽秘诀，有可能会损害到我们心灵的窗户，太可怕了！

错误主张 2：玫瑰精油 + 美白化妆水，效果翻倍

美白化妆水和玫瑰精油混合，以 3：1 的比例调制，这就是伊能静的快速美白法。她说，每天按此法使用，见效特别快。

全新正解

玫瑰是美容圣品，能够养血润肤、活血祛斑，对色素斑、肤色暗黄等都有很好的效果。不过不同精油的浓度往往有天壤之别，如果是单方精油原液，建议先将稀释比例加大，或者按照说明书调配，否则很容易对肌肤造成伤害。

给台湾第一美女林志玲纠错

代表书：《志玲美人计》

林志玲拥有加拿大多伦多大学西方美术史和经济学双学士学位，是台湾最美丽的艺人之一。她拥有甜美的笑容、精致的五官、姣好的身材，并凭借得天独厚的条件迅速上位,成为红遍港台两地的大明星。2003 年，林志玲更是取代萧蔷当选为“台湾第一美女”。

错误主张：用盐洁面，能去角质与控油

林志玲将盐美容贯穿于《志玲美人计》一书的始终。洗脸后，将一小勺精盐放在手心，然后加入3—5滴水，用手指将盐和水混合起来，并蘸取在额头，自上而下涂抹，边涂抹边做环状按摩。静候几分钟，等脸上的盐水干透呈现颗粒状的时候，用温水洗净。每天早晚各一次，可以去除皮肤中的污渍，洗去沉积的油脂，防止粉刺的产生。

全新正解

皮肤比我们想象的要娇嫩，盐虽然有控油的功能，但是皮肤最怕的东西就是盐和碱（面部皮肤一般都是呈弱酸性，具有一定抗抵外界刺激的作用）。因为盐的颗粒较大，有时候会有去角质的功效，但如果没有遵照一定的比例使用，皮肤会容易过敏、变薄，甚至产生红血丝。有的MM（美眉）用盐去黑头，结果鼻子疼了一晚上，第二天早上还红红的，严重的还出现了暴皮。所以，这种盐美容的方法不宜常用，尤其是肌肤敏感的MM（美眉）。为了皮肤健康，建议大家使用专业去角质产品。

爱美的JMS（姐妹们），不要因为如饥似渴地追求美丽，就不管不顾地跟各路美女偷师所谓的“美人计”，实在得不偿失啊！

给美容大王大S纠错

代表书：《美容大王》

早被大家公认已经美到仙女境界的大 S，立誓要让她全身上下每一寸都美到不行！她亲身试用过成百上千种美容保养品，在她的第一本美容保养书里，全面公开她觉得真正好用的保养品与美容独门绝技。

大 S《美容大王》一度畅销，得到很多热衷美容的 MM（美眉）们的追捧，大 S 的一些美容方法也一度被奉为美容圣经！但是书中提到的方法就一定是正确的吗？可不要轻易相信那些玄乎的护肤方式哦，已经有不少皮肤医学专家对《美容大王》提出了一些质疑，下面我们就来听听这些反驳的声音吧！

错误主张 1：最好不要吃油腻的食物，每天只吃蔬菜和水果

全新正解

不吃过于油腻的食物对保护皮肤有一定作用。因为油腻的东西，尤其是油炸食品吃多了，容易长胖。而且脂肪堆积在皮下，还会造成皮肤油脂分泌过多，诱发青春痘。皮下脂肪过多还会降低皮肤弹性，导致弹力纤维绷断，在大腿等处形成膨胀纹，不但难看，还非常不易消失。因此，为了护肤不要吃过于油腻的食物。

但每天只吃蔬菜和水果也不好，因为蔬菜和水果中几乎很少含蛋白质，形容人的脸色差常用一个词——菜色，是有一定道理的。营养均衡不偏食是健身强体的关键所在。

错误主张 2：绝对不要在太阳底下暴晒，最好不要接触游泳池里的水

全新正解

暴晒一定是不好的，但适当地晒晒太阳有利于体内维生素 D 的合成，使骨骼健壮。强大的长波紫外线会使皮肤发黑，降低皮肤弹性，导致皱纹、色斑的

产生，甚至引发皮肤癌。不要接触游泳池里的水这种说法不完全对。只要游泳时间不要过长，游泳之后及时冲洗，就完全 OK。

错误主张 3：有一种净体的方法，就是把燕麦、新疆葡萄干和水煮蛋混在一起吃，不加水

全新正解

好皮肤是膳食、锻炼和防护等综合因素共同作用的结果，是一个“系统工程”。单纯地说这三种食物混吃能够排毒是没有科学依据的。

错误主张 4：爽肤水是用来保湿的

全新正解

这的确是很多人的误解。其实，爽肤水的主要作用是清洁，是清洁程序中的最后一个步骤，而不是很多 MM（美眉）理解的保湿步骤的第一步。单用爽肤水并不能帮助肌肤保湿，如果使用的是含有酒精的化妆水，更容易在涂抹后迅速蒸发，如果不赶紧搽乳液保湿而是单搽爽肤水，只会越搽越干。正确的做法是：在清洁过后，将适量爽肤水倒在化妆棉上，轻轻地涂抹于面部及颈部，起到二度清洁及滋润、调理肌肤的作用。在用化妆棉涂完爽肤水后，再用手轻轻拍打，帮助肌肤吸收。

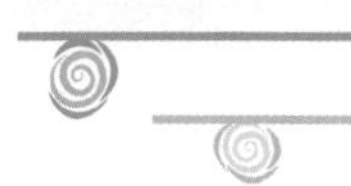

错误主张 5：对付晒斑、雀斑，勤敷面膜来改善

全新正解

脸部的斑点有很多种，如日光性老年斑、黄褐斑、雀斑、颧骨斑，等等。对于不同的斑点，应该采用不同的方法来进行针对性治疗。比如，黄褐斑应使用中西药内服外用来治疗，雀斑和颧骨斑比较适合通过激光手术来去除，日光性老年斑、黄褐斑推荐使用维甲酸来淡化。问题也随之而来，50% 的脸部带斑者根本没法正确判别自己脸上的斑点究竟属于哪一类。在判断错误的前提下，使用不同方法来淡化色斑则收效甚微。

错误主张 6：喝牛奶能使皮肤变白，吃酱油能使皮肤变黑

美容大王大 S 说，每天吃加牛奶的食物能使皮肤变白，吃酱油等黑色食物就容易变黑。

全新正解

人的肤色一半来自天生，一半来自后天因素，其中紫外线照射与黑色素沉积与皮肤变黑的关系更密切。食物色彩改变皮肤颜色的说法没有科学依据。

远离黑色食物，它会“染黑”你的肌肤？有些人怕变黑就对黑色食物敬而远之，最先蒙冤的就是酱油。其实大可不必有这样的疑虑，并没有任何证据显示酱油会让肌肤变黑。肤色的黑或白取决于体内麦拉宁色素的多少及其分布形态。我们的肤色受天生基因和后天生活习惯影响，如大量紫外线照射、怀孕等，跟黑色食物并没有什么关系。在日本，以黑茶与黑糖

为原料的良药因治愈了当年允恭天皇长久以来的顽症，而大受日本人欢迎，被视为“不朽的食物”。现代营养学认为，“黑色食品”不但营养丰富，而且具有显著的抗老化美容功效，是真正的美容圣品！

不过，如果频繁食用一些金属含量高的食物，如海产品等，再加上长期阳光暴晒，就容易导致色素沉积，这也是沿海城市居民肤色普遍较黑的原因。此外，如果本身是容易发湿疹、荨麻疹的敏感性皮肤，或是患过敏性哮喘的敏感性体质，最好少吃菠菜、芹菜、香菜等光敏性食物，并且避免食用后直接外出晒太阳。不少敏感体质的人吃了光敏性蔬菜后再暴晒于日光下，过二三十分钟他们的皮肤就会出现红斑、丘疹，严重的还可能出现水疱。

错误主张 7：用茶包可以消除眼袋

全新正解

睡眠质量不好、失眠或常常熬夜的人，眼睛容易水肿或产生眼袋。有些人选择用茶包敷眼睛，企图消肿、消眼袋。实际上，这样的做法是错误的，会造成眼睛四周皮肤过敏。茶叶中含有的茶多酚有去脂、收缩血管的作用，因此，对消除黑眼圈有一定作用。不过，茶叶中的单宁酸对敏感性皮肤会有刺激性，所以如果选择用茶袋敷眼，建议将茶袋先用热水浸泡，这样可以促使酸性物质挥发，减少对皮肤的刺激。此外，睡觉时在腿部放一个枕头，也能避免血液循环不畅造成的黑眼圈或浮肿。最重要的还是尽量避免熬夜，因为经常熬夜会造成眼部血液循环不畅，极易产生黑眼圈。

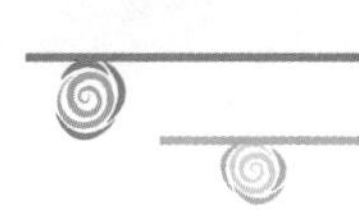

错误主张 8：早上没必要洗脸

睡觉前已经用洗面奶洗干净了，所以第二天早上没必要洗脸，而且这么做能保持晚霜等滋润产品在脸上形成的滋润感。

全新正解

经过一个晚上的新陈代谢，皮肤会分泌出汗液、油脂等物质，而被单、枕巾上的螨虫、灰尘等不洁之物，也有可能会沾染到脸上。因此，早上的清洁步骤必不可少。否则很容易堵塞毛孔，产生黑头、粉刺。

错误主张 9：侧睡会产生皱纹，采用仰睡比较好

仰睡真的可以避免皱纹吗？

全新正解

人的睡姿是长时间养成的，刻意调整为一个固定姿势睡觉，很容易影响睡眠质量。而睡眠情况的好坏与皮肤状况息息相关，如果刻意仰睡而睡不好觉，结果是得不偿失。况且，如果经常仰睡，脖子上也会出现皱纹。尽管侧睡时枕头的确会挤压肌肤，但有一个简单的办法可以改善这一状况——使用绸缎枕套，这样可以确保枕头不会压紧肌肤。同时注意调整枕头的高度，以一个立起来的拳头高度为佳。

错误主张 10：用药效贴布治成人痘

本是用来治疗肌肉酸痛的药效贴剂撒隆巴斯，在大 S 手上却变成了去痘的灵丹妙药。每当她发现自己脸上长出红红的一块，而且压下去会痛的时候，就用撒隆巴斯剪成能盖住痘痘的大小，贴在红痛处，这对于偶尔冒出来的痘痘很有效果。

全新正解

撒隆巴斯是治肌肉酸痛的贴剂，对舒缓红肿、疼痛有一定帮助，因为它里边的薄荷成分能促进血液循环。撒隆巴斯表面上可以调理痘痘，但事实上它的主要成分为水杨酸甲酯，对皮肤的刺激性很强，既不透气又不能杀菌，以此方法“战痘”，很容易引发接触性皮炎。

给其他靓颜明星们纠错

全智贤：用双氧水美白

全智贤的美白方法惊世骇俗——用双氧水美白。洁面后，用干净的手帕或毛巾沾上双氧水，敷于面部，每次3—5分钟，每天1—2次，连用7—10天，会有很好的美白效果。

全新正解

这招对皮肤会刺激强烈，绝对不能用。医用双氧水是一种消毒、杀菌药剂，确实有一定的美白作用。但是，直接用双氧水美白相当危险。3%浓度的双氧水具有渗透性和较强的氧化性，时间长了会使皮肤变粗糙。有些人用后还会出现色素完全脱失的问题，也就是我们常说的白癜风。

萧蔷：意念气式按摩"熨"平皱纹

萧蔷说，她每天一睁开眼，就躺在床上练意念气式按摩——双手互搓，一边搓一边冥想，然后利用手掌上的热量按摩脸部肌肤，感觉哪里有皱纹，就用手掌"熨"平它。

全新正解

心灵的力量有时会助按摩一臂之力，心理作用确实强大。但是如果想要持

久的效果，就别想着这么“不靠谱”的事了。

刘若英：用葡萄保养肌肤

刘若英超爱用葡萄保养肌肤，方法是先将葡萄籽取出，把葡萄肉和皮用果汁机榨成汁，再用压缩面膜吸收。而用剩的葡萄籽也是好东西，用果汁机捣碎后加在洗面奶上，可当成磨砂膏用。

全新正解

葡萄籽很容易损伤肌肤。葡萄多酚是抗老化的能手，在葡萄皮和籽中含量最高，果肉中却很少。此外，果汁机捣碎的葡萄籽颗粒会有棱角，易造成肉眼看不见的损伤。不妨把葡萄籽放在温水中静置 10 分钟，用“葡萄籽水”来清洁皮肤，美容功效会好些。

温岚：每天鉴定肤质再保养

温岚认为，肌肤经常在变化，随时观察肤质，才能对症下药。晚上洗脸后，她先让肌肤休息 2—3 小时，然后再针对性保湿。

全新正解

这个方法乍听起来很有道理，不过洗脸后让肌肤裸露在空气中数小时，就为了判断皮肤的状态实在得不偿失。这一方法只适合于想在短时间内改变生活环境或经常出差的人使用，而且时间上半小时足矣。

陈慧琳：青瓜 + 柠檬是淡斑能手

青瓜和柠檬都有漂白的作用，放在脸部和眼睛四周，不但可以消除疲劳，还能让斑点变淡。所以她经常用青瓜、柠檬切片来敷脸。

全新正解

青瓜中有维生素 C 和丰富的过氧化酶。虽然其营养成分颇丰，但皮肤能吸收的少之又少。而柠檬的酸性很强，不建议直接敷脸。皮肤感觉白了，只是剥落了一部分角质，并不是肌肤本质得到改善。

孙艺珍：热敷 + 面膜护毛孔

孙艺珍面如凝脂，她经常先用热毛巾敷脸，然后做面膜，从而去掉脸部多余的皮脂，防止皮肤排泄物堆积导致毛孔变大。之后，再用冷藏的化妆棉蘸化妆水，涂满全脸拍打来收缩毛孔。

全新正解

热毛巾敷脸不仅能够使面部的微小血管扩张，改善血循环及淋巴循环，带走代谢废物，还会使毛孔张开，更利于清洁毛孔中的污垢。而面膜有很多种，如果是焕肤面膜，就建议用冷水清洁面部，然后使用；如果是营养面膜，建议先用热毛巾敷脸，再用深层清洁营养面膜，以利于营养物质吸收。

第二章
护肤误区急纠错

每天，我们都在不断地陷入大大小小的“美容误区”，日积月累后，这些“美容误区”会给我们娇嫩的肌肤造成无法挽回的伤害。肌肤护理对于很多MM（美眉）来说既麻烦又难懂，久而久之，自己就形成了一套“顺手”的护肤理念。可是，你知道你的护肤理念是对是错吗？你有没有做无用功的时候呢？毕竟护肤品是花钱买来的，把钱用对地方很重要。现在，就告诉你日常生活中常见的“美容误区”，看看你能占几条吧！

误区1：含有抗衰老成分的洗面奶根本没作用

☑ 紧急纠错

“因为洗面奶很快就会被水冲洗掉，所以含有抗衰老成分的洗面奶根本没什么作用。”如果你这样认为的话，那么你肯定错了。事实上，只要不匆忙洗掉洗面奶，而是将洗面奶在皮肤上按摩至少 1 分钟，然后再洗掉，这样就会令肌肤将抗衰老成分成功吸收。目前市面上的一些抗衰老洗面奶，特别是那些含有乙醇酸的洗面奶，其实稍稍接触皮肤就会起到增强皮肤弹性、改善皮肤纹理的作用。选择一款对的抗衰老洗面奶及正确的使用方法，也能像抗衰老面霜一样为肌肤抗衰老做出贡献！

误区2：涂抹粉底液时，不用遵循什么章法，随便在面部推开

☑ 紧急纠错

涂抹粉底液时，如果不讲究章法，只是简单从脸部中心推开，就不能起到彻底遮盖毛孔、细致皮肤的作用，只会越涂越厚。

正确的做法是：先将粉底液挤在手背，利用体温使其溶化，再将其点于脸上。在额头和鼻尖部分由上向下涂匀；颧骨以下则由两颊向下抹开；下巴位由上至下抹匀。薄透要诀：A. 做减法——减少粉底液用量，只在容易泛油光、毛

孔粗大的鼻梁、鼻翼周围、下巴等区域涂抹粉底;不要在脸上将妆前液、粉底液、散粉层层上妆，只涂抹遮盖力好的哑光粉底液即可。B. 帖服秘诀——预先用手指温热可以让粉底液更好地与皮肤融合，再像涂面霜一样涂抹粉底液。

误区3：治疗粉刺与去皱，无法同时兼顾

紧急纠错

虽然不推崇多功能的产品，但同时治疗粉刺和去皱却是可以实现的。产品成分中含有的类维生素 A，如维甲酸和他扎罗汀，既是有效治疗粉刺的药物，也是防止局部皮肤老化的一剂金方。这些成分能够去除产生白头、黑头和堵塞毛孔的死细胞，同时可加速细胞代谢和胶原蛋白的生成。类维生素 A 曾被认为只能用于抵抗阳光照射所造成的斑点和损伤，但现在我们知道，它也能用于防止一般的皮肤老化及去皱。这对那些需要使用防晒品，但又有些皱纹的女性来说是个不错的好方法。对于非处方产品，含有少量维生素 A 醇的产品能同时有效地去皱和治疗粉刺。

误区4：SPF15 的防晒霜就能防止光老化造成的皱纹

紧急纠错

不管你怎样精心使用，SPF15 都不足以保证肌肤不老化、不长皱纹。对于导致晒伤的中波紫外线 UVB，SPF15 能挡住 93.5%。而 SPF30 能达到 97%，SPF45 则可以达到 98%。但是若要对付破坏胶原蛋白和弹力蛋白、可导致皮肤癌的长波紫外线 UVA，就必须保证你使用的防晒霜中含有稳定的阿伏苯宗（Avobenzone）、常见的氧化锌、欧莱雅集团的专利成分“Mexoryl”，以及近

年新开发的防晒成分“Tinsorb”等，这样才能真正有效地阻断长波 UVA。

误区5：普通保养品不能有效产生胶原蛋白

☑ 紧急纠错

有些 JMS（姐妹们）认为，市面上的普通保养品，不可能像含有高浓度强效成分的专业医疗系产品一样，能有效产生胶原蛋白。但这已经快是过去式了。过去，只有一些含有较强成分的护肤产品被证实能有效刺激胶原蛋白增生，如高浓度果酸和 A 酸等，是真正需要医生专业处方才可以使用的医疗系保养品。但现在，除了早些年发现的非处方的维生素 A 醇能够增加皮肤中的胶原蛋白，促进皮肤深层新细胞的再生，近年来发现的其他某些更温和的成分，也已经被证实能够促进胶原蛋白的生成。胜肽曾经被认为颗粒太大，不能渗入皮肤真皮层，但现在有些化妆品公司已成功地将胜肽附着在其他分子上，如那些能够渗入皮肤的脂质或脂质体。而抗氧化成分也一样，医学家已经找到将抗氧化成分附着在脂质体上，使之能轻易进入皮肤的方法了。唯一的缺点就是，使用非处方的普通护肤产品生成胶原蛋白所花费的时间，还是要比使用有医生处方的专业医疗系产品长一些。

误区6：皮肤老化是由遗传基因决定的，后天无法弥补

☑ 紧急纠错

很多 MM（美眉）抱怨说，皮肤老化和其他生理条件一样是由遗传基因决定的，看着自己的老妈，已经能想象自己到她这个岁数时，会是什么样，所以打算什么也不做，等待那天到来。佐伯千津老师在《美肌的花道》一书中提到，

人与人之间肌肤的差异来自 7 个方面——年龄、人种、气候、生活环境、饮食、保养和睡眠。其中绝对无法改变的只有前两个而已，所以衰老这件事你可不能怪罪父母。虽然当你老了时，确实会有部分地方像父母，但是倘若你年轻时爱晒太阳，又爱抽烟，那你绝对会比你的父母老得快。目前，抗衰老趋势已延伸到基因这一块，只能说活在高科技时代的我们走运了，将来到了父母的年纪看起来比他们年轻，也不是一件不可能的事了。

误区7：去皱产品在短时间内不见效就换掉

☑ 紧急纠错

和失败的相亲不一样，抗衰老产品真正起作用是需要时间的。如果你用了某款抗皱霜，隔天就看到效果，那八成是保湿的缘故。想要真正看见淡化细纹的效果，往往要搽上 3 个月。而更大的变化，比如要看到色素和深层皱纹的减少，可能需要 6 个月以上。不管配方有多好，产品对肌肤的疗效是需要时间的。如果你使用的某些产品会立刻见效，那是因为里面加入了能产生短期效果的成分，比如反光颗粒。现在很流行在去皱产品里加入硅等成分，能起到瞬间抚平皱纹的效果，只为让使用产品的消费者更有信心，更加愿意长期使用去皱产品。

误区8：脱皮表明去皱产品正在发挥作用

☑ 紧急纠错

在刚开始使用时，果酸、水杨酸和一些去皱配方的类维生素 A 产品会导致皮肤发红、脱皮或发痒。维生素 C 产品和所有使用凝胶基底的产品，也都有引起皮肤过敏、起皮屑的可能性，只是程度较轻。过去一直认为，这种过敏表明去皱产品正在发挥作用，但现在最新的观点是，这其实是一种很糟糕的副作用。事实上，去皱产品在不易过敏的健康皮肤上会发挥更好的作用。如果你对上述产品易过敏，可以改用低过敏的柔和配方，像酯质包裹科技的微粒维生素 A（Retin—A Micro）。而有些去皱产品，比如胜肽，则根本无须担心它会引起过敏。

如果确实有皮肤轻微发红或掉屑的现象发生，通常只需减少去皱产品的使用频率，稍稍控制一下剂量，并每天使用防晒品来缓解皮肤症状就可以了。如果过敏反应很强烈，则应该去看医生。皮肤科医生表示，在使用类维生素 A 时，一般都会建议前两周先每周使用两次，等几乎适应之后，就可以隔天或每天使用。此外，使用类维生素 A 和其他酸类产品的皮肤很容易产生晒斑，所以，每天使用 SPF30 或者更高指数的防晒霜也是必需的护理步骤。使用类维生素 A 护肤品时，大多数人也许总认为涂很多对皮肤效果会更好，其实，只要豌豆大小就足够涂抹整个面部了，少量即可达到该产品的预期效果。

误区9：“基因保养”，肯定又是化妆品商家的宣传噱头

☑ 紧急纠错

这几年，化妆品界里最关键的两个字就是“基因”了，也许你会问，这会不会又是夺人眼球的商家新广告词？虽然这是项新技术，但不可否认的是人类对基因研究的新进展与新发现——基因对生物所产生的影响，当然也包括我们的肌肤。兰蔻划时代地发现人体内有一种决定肌肤年轻程度的“修护”蛋白质，一旦减少，就会出现各种皮肤问题。即使使用再多的产品也不易被吸收，因为肌肤的底子变差了。只有激活基因的活性，才能刺激“修护”蛋白质的合成，让肌肤恢复到年轻状态。而雅诗兰黛则发现了生物体内的时钟基因，它指导肌肤天然的新陈代谢运作，尤其是自我修护功能的时间和活性。与时钟基因同步

化能优化细胞运作功能，让肌肤能在夜间通过时钟基因所发出的精确讯号最大限度地发挥天然修护机能。

误区10：清水洁面，一样可以洁净肌肤

紧急纠错

很多MM（美眉）问：我的皮肤属于干性肌肤，早晨不用洁面产品，只用清水洗脸是否可以？早晨的洁面非常重要。因为虽然整个夜晚我们都处于睡眠中，但肌肤还是在正常地新陈代谢，仍然会有油垢及污垢产生，这就要求我们必须在早晨起床后用洁面产品洗去。不过如果你是极干性的肌肤，那么早上可以只用清水洁面，晚上再使用洁面乳。而油性肌肤因油脂分泌量较大，故早晚都须使用洁面乳。对于混合性肌肤，早上可在“T”型区使用洁面乳，晚上再用洁面乳清洗脸的全部。

误区11：舒缓类的眼霜可以消除晨起的眼部浮肿

紧急纠错

仅凭护眼产品并不能解决早上眼睛的浮肿问题，适当地按摩才是最重要的。早晨的眼部浮肿一般来说都属于水肿型，由于眼睑皮肤很薄，皮下组织薄而疏松，因此很容易发生水肿现象，睡眠不足或睡前喝过多的水也会造成眼部体液堆积形成浮肿。所以，用淋巴排水的穴位按摩法，可排掉多余的水分。每天晚上洁面后使用舒缓类眼霜，边涂抹边按摩，等到眼霜完全吸收差不多要10分钟。我个人觉得，这不是浪费时间，反而是一种非常好的放松方式。现在的生活节奏太快，眼睛一直都很疲劳，因此产生问题的可能性就大，每天如果花10分

钟来按摩眼睛，对眼睛有很大的好处，效果十分明显。使用一个月以后，你会感觉到细纹有减淡的趋势。

误区12：含有熊果苷成分的美白产品，美白无禁忌

紧急纠错

随着现代生活品质的提高，女人对美的追求越来越精益求精，这也成为美容科技不断前进的动力。在选购护肤品时，你可能会发现许多产品成分栏中都有果酸、余柑子、熊果苷等成分，其实，这些都是美容界最受青睐的美白成分。熊果苷是目前应用在美白类护肤品中的一种最有效的美白成分，但熊果苷很不稳定，具有光敏性。这种光敏性成分在阳光长波紫外线 UVA 的照射下，会转化成为另一种物质——光化学产物。该物质再与皮肤内的蛋白质相结合，就形成一种新的物质——抗原，抗原能使皮肤产生过敏反应。所以，含果酸、A 酸这类成分的护肤品最好不要在白天使用，否则越晒越黑，而且，使用这两种产品之后，白天都要加强防晒。

误区13：室内无阳光，所以无须涂抹防晒品

紧急纠错

防晒霜是 JMS（姐妹们）出门必不可少的东东，正确使用当然也很重要！很多人以为整天坐在办公室里，足不出户，就不需要涂抹防晒品，其实这是错误的！因为紫外线随时随地都存在，尤其是紫外线 UVA。不管艳阳天还是阴天 UVA 都存在，并能穿透窗户玻璃进入室内，伤害肌肤。就算你的办公室完全

不见阳光，但对于上班族而言，你在上下班的途中也需要防晒。所以，防晒是JMS（姐妹们）在任何场合都要做的事情。涂防晒霜需要注意：首先，SPF值不能累加，涂两层SPF10的防晒霜，都只有SPF10的保护功效。其次，临出门才涂防晒霜是不行的，因为防晒霜跟一般的护肤用品一样，需要一定时间才能被肌肤吸收，所以出门前10—20分钟应涂防晒霜，而去海滩前30分钟就应涂好。

误区14：不化妆就不用使用卸妆类产品，只需要使用洁面乳

☑ 紧急纠错

许多JMS（姐妹们）总是问：不化妆，是否还需要用卸妆类产品呢？只是涂点粉底和隔离霜之类的，还需要卸妆类产品吗？正确的解释是：凡是化妆品，如果清理不干净都会损伤皮肤，所以每天晚上都要用化妆棉蘸取卸妆产品卸除脸上的妆，然后再去洗脸，这样才能真正把脸上的妆卸掉。有化妆习惯的人，哪怕只是涂了粉底或防晒霜，也要重视卸妆。粉底这类彩妆对皮肤有很强的附着力，用简单洁面乳洗不干净，必须用亲油性卸妆品来卸除。否则，容易造成皮脂代谢上的困难，引发粉刺等皮肤问题。眼妆要用专门的眼部卸妆液来卸除，而脸上的妆只需要用一般的卸妆油、卸妆水或卸妆乳。需强调说明的一点是，虽然卸妆油比较油，但卸妆效果非常好。

误区15：敷上一层厚厚的面霜过夜，就能有面膜的效果

☑ 紧急纠错

从成分上来看，霜状的面膜和我们一般用的面霜是很接近的，大多数时候，

只是面霜的油质会更多一些，渗透性会更强，所以用面霜来做面膜未尝不可。一些较为滋润的保湿面霜可以敷厚厚的一层，再盖上保鲜膜来加强它的渗透性，效果与面膜接近。但要注意，切忌敷上一层厚厚的面霜过夜。过厚的面霜在皮肤上停留的时间过长，会堵塞毛孔口，不利于皮肤的健康。所以如果用保湿面霜来做面膜，敷的时间不要超过 20 分钟，然后用清水洗掉，再做一次一般的护理程序即可。

误区16：想要深层清洁肌肤，就要在使用磨砂洁面品后，再用清洁面膜为肌肤做深层净肤

☑ 紧急纠错

磨砂洁面乳和清洁面膜都具有去角质的功能，即使是油性皮肤，这样的层层围剿也是很可怕的。亲爱的 JMS（姐妹们），磨砂洁面乳和洁净面膜绝对不能同一天使用，那样会破坏皮肤的角质层，使皮肤失去天然的保护，变得易晒伤、易感染、易过敏、易产生皱纹，吃刺激性的食物就会出红斑。实在想用，就要了解你的肤质，看你是什么类型的皮肤。干性和过敏性肌肤绝对不能用；中性肌肤最好不要用；混合性肌肤偏油或者油性肌肤可以适当用，最多每月两次，且要看皮肤是否有不适感。其实，磨砂的作用就是去掉死皮，而皮肤的更新也是有周期的，经常用磨砂洁面用品的话刚长出的新皮哪禁得住磨砂，所以建议每周使用一两次即可。而且不要连续使用，用的时候不要用力，用两手的无名指和中指在脸上轻轻打圈。“T”型区是清洁的重点，颧骨和眼周围的皮肤不要使用磨砂。选用洁面用品还是建议选择深层清洁、无刺激的泡沫型来做早晚清洁。

误区17：晚上10点以前做面膜才有效

紧急纠错

美容保养若能与肌肤自然作息时间相配合，就可发挥它最大的功效。没有必要刻意遵循时间表。按照一般人体生物钟而言：晚上 8 点至 11 点，皮肤最易出现过敏反应，微细血管抵抗力最弱，血压下降，人体易水肿，故不适宜做面膜护理。晚上 11 点至凌晨 5 点，细胞生长和修复最旺盛，细胞分裂的速度要比平时快 8 倍左右，白日紧张缩闭的毛孔开始放松，逐渐张开，并大口大口地为肌肤汲取营养，因而肌肤对护肤品的吸收力特强。所以你不必一定要赶在晚上 10 点之前做面膜，只要在睡觉前做面膜就可以了。

误区18：女人应当学会精打细算，无论是护肤品还是彩妆，都该节约着用，将用剩的再放回去，以备下次使用

紧急纠错

通胀严重的今天，精打细算是必须的，但在化妆品方面的节约再利用，却有可能适得其反，因为变质或不干净的化妆品不但没有美容功效，还有可能污染皮肤，使皮肤变得粗糙或产生色素沉积。正确的做法是：在平日使用美容化妆品时，首先应尽可能避免用不干净的手指去挖取瓶（盒）内的产品，以免细菌感染到里面尚未使用的部分，建议用挖勺或粉扑取用每次所需的量。若取出的化妆品尚未用完，谨记不要再放回瓶内，以免造成污损。化妆品用后要把留在瓶口处的残渍用纸巾擦拭干净，再把盖子拧紧。

误区19：干性皮肤的MM（美眉）与美白产品无缘

☑ 紧急纠错

干性皮肤与使用美白产品没有直接关系，但干性皮肤一定要将保湿放在首位，以充足的水分保证肌肤的自然代谢正常化，否则美白成分不会被肌肤吸收。更好的做法是：在夜晚多用美白精华素或晚霜，让肌肤充分吸收营养，逐渐显现美白的效果。

干性皮肤日常护理关键：在选择护肤品时，不宜选用碱性强的化妆品和香皂，以免抑制皮脂和汗液的分泌，使皮肤更加干燥。清洁面部时，如果你的洗面乳没有滋润成分，或是洗面后感觉面部比较干燥或紧绷，应在彻底清洁面部后，立刻使用保湿性化妆水或乳液来补充皮肤的水分。有条件的话，每周可做一次熏面及营养面膜，以促进血液循环，加速细胞代谢，增加皮脂和汗液的分泌。睡前可用温水清洁皮肤，然后按摩3—5分钟，从而改善面部的血液循环，并适当地使用晚霜。次日清晨洁面后，使用乳液或营养霜来保持皮肤的滋润。饮食上应怎样调理？干性皮肤的人在饮食时要注意选择一些脂肪、维生素含量高的食物，如牛奶、鸡蛋、猪肝、黄油及新鲜水果等。在秋冬干燥的季节，更要格外注意保养，补充水分，加强肌肤补水工作。

误区20：每次洗完脸后，用毛巾擦干脸上的水分就好

☑ 紧急纠错

洗完脸用毛巾擦干不是最平常不过的动作吗？这恰恰是我们每天都会重复的美容恶习。粗糙的毛巾在细嫩的皮肤上揉搓，不但会刺激并伤害皮肤，让肌肤长细纹，还会把暗藏的细菌转移到脸上呢！首先，要了解以下几点：你的毛

巾质地轻柔吗？你的毛巾多久没有更换了？你的毛巾色彩艳丽并会掉色吗？如果你的毛巾已经变得黏黏滑滑，这是长期在卫生间阴干的结果，说明毛巾上已经充满了细菌，不能再使用了。毛巾上的绒毛是最容易滋生细菌的场所，若不清洗干净，在阳光下晒干，就会成为细菌的温床，擦脸时毛巾上的细菌就会被带到皮肤上。而且，再细柔的绒毛也会越来越硬，摩擦力也会越来越大，细腻的肌肤怎么经得起如此折磨？另外，有色彩和图案的毛巾添加的染色剂也会对皮肤有所刺激。所以，为了你的美丽，使用细柔的面巾纸和化妆棉代替毛巾吧！如果你已经习惯了使用毛巾，请一定要用干净的毛巾轻轻拭干水分，而不要擦干。同时建议用浅色的纯棉毛巾洗脸，并且一两个月更换一次！尤其是脸上长了痘痘的时候，必须用面巾纸代替毛巾，并以按压的方式吸掉面部水分，这样才不会造成细菌感染。

误区21：涂眼霜没什么技法，只要每天涂抹就可以

☑ 紧急纠错

很多 MM（美眉）认为，只要每天涂上眼霜，眼部皮肤就算得到保养啦。事实上，眼部肌肤是脸上最脆弱的部位，使用眼霜只是第一步，第二步——如何涂抹才是关键！如果你用力涂抹或过度拉扯，反而会适得其反，让皱纹越来越多。正确涂眼霜的方法是：先用右手无名指蘸取半粒米大小的眼霜，在右眼下方点一下，左手轻轻地将右眼的下眼皮往下拉一点，千万要轻。这样做的主要的目的是把眼部的细纹拉平，让眼霜渗入这些细纹中。用右手无名指从右眼的右下角开始顺时针慢慢地按摩整个眼圈，直至完全吸收。一般为 4—5 圈。左眼的操作同右眼。最后再用两手的无名指，轻轻地点拍眼睛，特别是眼袋部分，这样有助于血液循环，减少黑眼圈与眼袋的形成。

误区22：皮肤较薄，所以不适合使用去角质产品

☑ 紧急纠错

只要没有皮肤问题，如过敏、长痘等，任何皮肤都可以去角质，只是不同类型的皮肤,应当选用不同的去角质产品。同时,油性肌肤应当每周去一次角质,干性肌肤每月去一两次角质。磨砂的时候,需重点选择出油多、角质粗厚的位置。肌肤细胞的代谢周期是 28 天，年龄和气候的变化会打乱代谢的速度，堆积的废细胞会令肌肤变得暗淡粗糙。拆除栅栏，开放门户，彻底地清洁，能消除痘痘隐患。定期去角质能规律代谢速度，有疏通毛孔、为肌肤补氧的作用，让肌肤重新走上自主代谢的良性轨道。定期去角质，清新攻略：油性肌肤每月 3—4 次，干性肌肤每月 1—2 次。磨砂的时候，需重点选择出油多、角质粗厚的位置。去角质时，力量要轻，手法宜慢。不过，去角质的原则是过犹不及，不可贪多，要给皮肤修养和自我调节的时间，最好还能配合敷面膜，加速角质细胞更新和修复。

误区23：肥皂洗脸控油，经济又实惠

☑ 紧急纠错

肥皂的去油性较强，酸碱值一般都偏高，但因为它清洁力强，用后面部感觉清爽畅快，所以拥趸者很多。碱性过强的肥皂，洗脸后会感觉皮肤干燥，引发分泌更多的油脂来保护皮肤。肥皂的碱性会腐蚀皮肤，万一误入眼睛就更危险了 。如果一定想用皂类产品洁面，可以使用现在市面上专门针对面部肌肤设计的洁面皂，这类洁面皂拥有普通肥皂不具备的保湿滋养成分，用后不会令肌肤过于干燥。如果是两颊和眼睛周围比较细腻的混合性肌肤，还是

以温和的洁面皂相配合的方式，最能保证优质的清洁效果。酸碱值在 7 左右的中性洁面皂洁净效果好、水溶性强、不易阻塞毛孔，但皮肤偏干和较易过敏的肤质要慎用。

建议：将一块纱布折叠成小块，然后在纱布上打上洁面皂，用它来擦拭额头、鼻翼和唇周，这样纱布的纹理可以帮助清除比较厚重的油垢和死皮。接下来，把纱布夹在手指中间，轻擦两颊，注意不要太用力。此种方法每周使用 2—3 次就可以了，因为使用过勤、用力过大也会伤害皮肤。

误区24：含有酒精的化妆水不仅可以净肤，还能控油

☑ 紧急纠错

化妆水的 pH 值更接近肌肤，洁面后涂上它，对于生活在水质偏碱性地区的人最有帮助。但要知道，洗脸之后，皮肤湿润而娇嫩，有时甚至会感觉干燥紧绷，若直接使用含酒精成分的化妆水，会加倍带走皮肤表层水分，造成一定程度的缺水。

含有酒精成分的化妆水并非一无是处，其杀菌、爽净、收敛的功效都是油性肌肤所需要的。所以在洁肤后，建议先喷上保湿喷雾，补充水分、镇静肌肤，再用化妆棉尽快擦拭柔肤水，稍待干燥后就搽上保湿啫喱，锁住水分。

误区25：不想皮肤有负担而简化护肤步骤，只搽保湿水就足够了

☑ 紧急纠错

清洁脸部肌肤之后，皮肤表面的油脂和水分都会减少，尽管皮肤会尽快分

泌出新的油脂和汗液来自我保护，但需要时间。况且夏天肌肤的水分蒸发速度快，单纯以水分灌注作为保养的全部内容显然是不足的。用完保湿水再涂上乳液、乳霜等，更易于肌肤吸收水分。大多数保湿水都不具备锁住水分的作用，所以在补水后，还应搽上锁水啫喱或乳液，并使用毛孔收缩产品，才能完成保养功课，调理出紧致、柔滑的光洁肌肤。

误区26：洁面后，什么也别用了，让皮肤透透气

☑ 紧急纠错

洗脸后的两分钟内先擦化妆水，之后搽上标有“oil-free”字样的保湿产品，它不会让皮肤感到憋闷、厚重，反而能持续输送水分到达皮下。如有需要，还可以在局部搽上美白精华液，或敷一片保湿面膜加强水分输送。有时候因为营养过剩引起的痘痘，皮肤科医生会建议使用“断食”疗法，即不用或少用保养品。但大多数时间，尤其是晚上 10 点之后，是皮肤自我更新、修护的时间，如果呵护得当，美肤效果就会加倍。此外，眼霜是一年四季不可缺少的重要保养品。

误区27：婴儿产品刺激小，大人用了又安全又有效

☑ 紧急纠错

很多 JMS（姐妹们）认为，婴幼儿的护肤品一般都十分温和，涂了也不会有什么问题。有一个婴儿护肤品牌有句著名的广告语：“宝宝用好，我用也好。”加上电视画面中那位与宝宝嬉戏的母亲，她的皮肤如同婴儿肌肤般细腻、娇嫩，

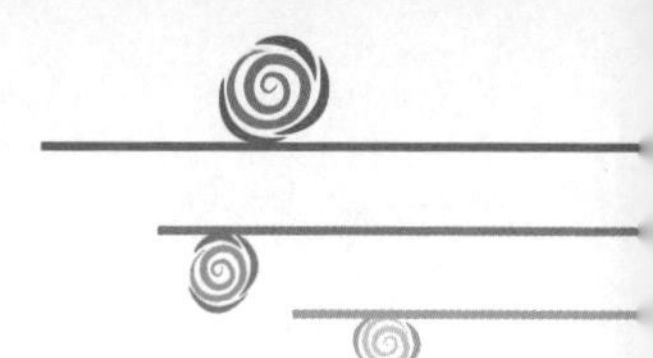

令许多MM(美眉)怦然心动。特别是年轻MM(美眉),总觉得使用了婴儿香皂、婴儿护肤油、婴儿润肤乳等产品，能够使肌肤回到婴幼儿时期那般娇嫩。而且，JMS(姐妹们)认为,婴幼儿的护肤品一般都十分温和,涂了也不会有什么问题。

其实未必，处于不同的年龄段，人的肌肤状况不同，对护肤品的要求也不一样。成年人肌肤的代谢和婴儿肌肤代谢是很不同的，所以婴儿护肤品对成年人几乎毫无营养护理的作用。其次，婴儿香皂的去污力根本达不到成人肌肤的清洁需要，长期使用只会使你的皮肤因营养缺乏而变得粗糙，从而导致过早衰老。

每种肌肤都有自己的“口味”，尤其是油性肌肤，更不能简单地用婴儿润肤露解决问题。针对油性皮肤，建议选用有硅或白炭成分的润肤露，以有效吸取面部多余的油脂，减少油光现象，同时兼顾保湿，达到水油平衡的完美状态。

误区28：脸上长了小痘痘，肯定是皮肤没清洁干净

☑ 紧急纠错

脸上如果长了痘痘，就肯定是没洗干净脸？一定要彻底清洁面部——去角质，给皮肤彻底“洗澡”？其实这样只会让脆弱的痘痘肌肤更受伤害。痘痘的出现，可能是肌肤敏感的症状，也可能是压力引发的成人痘痘。征求专业医师的建议，他让你采取什么样的护理方式，使用什么样的护理产品和药物，你再采取行动。而不能一味地猛用治痘产品，或去角质，或深层清洁，这些都会更加刺激皮肤。

在生活的护理上，结合引起痘痘的诱因，建议你规范作息，调整饮食，少吃刺激性食物；避免精神压力过大，少熬夜，少抽烟，少喝酒；平日洗脸时，注意做好深层清洁；洗面奶要温和无刺激，护肤品要清爽不油腻；多做保湿、控油，少用吸油面纸；最好控制每天洗脸两次左右，因为频繁洗脸反而会刺激皮脂分泌更旺盛；最后一点很重要，要记得养成和保持良好的卫生习惯，不要

用手随意去挤压痘痘，容易引起继发感染。

误区29：可以多用粉来遮盖又红又粗糙的敏感肌肤

☑ 紧急纠错

皮肤本来就很娇嫩，尤其是在冬春两季交换的时候，更容易出现问题，所以要格外注意。一旦皮肤出现红肿、异常干燥粗糙的发炎症状，就要停止化妆，让肌肤轻松自由地呼吸，慢慢地恢复过来。洗脸时不要用太热的水或碱性较强的洗面奶，以免刺激皮肤加重病情，也不要频繁换化妆品的牌子。面部容易过敏的患者，脸上不应抹东西，特别是不能随意使用含激素的外用药。在发现自己皮肤过敏、发炎后，不要自主选择药物或化妆品进行调节，应到医院就诊，确定为哪种皮肤病后，进行针对性的治疗，一定不要自己乱用药物。同时还要注意饮食清淡，多喝开水，注意尽量不要到花木繁茂的地方。如果使用化妆品，只会让肌肤损伤更严重。已经发炎的敏感性肌肤，即使涂粉也无法服帖，还会因不透气而导致敏感加剧，因此最好不要上妆，让皮肤好好休息几天。如果非化妆不可，只要“防晒＋蜜粉”就 OK 了。

误区30：用滋润乳霜就能“治疗”又干又痒的问题肌

☑ 紧急纠错

当你的皮肤出现又痒、又干、又痛的症状，那说明你的皮肤正在敏感期。一踏入空气干燥、温度低的秋冬两季，情况会更严重，若护肤品选用不得当，皮肤还会红肿、发炎。质地浓稠黏腻的护肤品对敏感性肌肤更是一种负担，

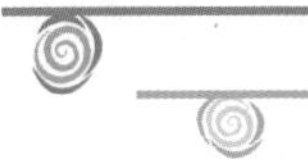

千万别用！太油、太滋润的护肤品容易刺激敏感性肌肤，而且也不容易吸收，乳液的质地比乳霜和精华液更适合敏感性肌肤。想皮肤少受点罪，以下为大家推荐一种急救法：用冷开水或无任何添加剂的洁面乳清洁面部，在还没有完全拭干水分时涂上薄薄的一层凡士林，在阴凉环境中迅速镇静皮肤。

敏感性肌肤使用化妆品攻略：

第1攻略：选择微酸性洁面乳

皮肤在冬季多因干燥缺水而异常敏感，因此在选择护理用品时，应选不含香料、酒精、重防腐剂的款式。洁面乳方面，不要选太浓、太刺激的碱性产品，由于碱性太强，会伤害皮肤，因此应以温和而偏微酸性的洁面乳为佳。此外，洁面时亦不应使用洁面刷、海绵或丝瓜络，以免因摩擦而伤害敏感皮肤。

第2攻略：用不含酒精的柔肤水

爽肤水的作用是让面部清爽及光滑。一般的爽肤水大多含酒精，除了容易令敏感性皮肤发红外，还会在酒精挥发后令皮肤出现紧绷现象。所以应选择性质温和且不含酒精、香料的柔肤水，涂时用食指、中指及无名指指腹轻弹，千万不要用力拍打，以免刺激肌肤。

第3攻略：日霜禁用控油配方

皮肤敏感者不宜选用刺激性强而浓度高的日霜，偏微酸性且无香料或标明敏感性皮肤专用的最好。由于秋冬两季的阳光没有夏季强烈，因此日霜中无须带有油光控制成分，只要有能锁紧肌肤水分的活性粒子成分就可以了。

第4攻略：用高水分保湿粉底

跟夏季不同，干涸的秋冬两季，敏感性皮肤在使用粉底时，除了要顾及防敏感，还应注意水分含量，以有效减少因干燥而造成的痒、痛。

第 5 攻略：多补充维生素 C

缺乏维生素 C 容易令皮肤粗糙、干枯，从而引发皮肤炎、脱皮等敏感症状。在富含维生素 C 的果蔬中，梨与奇异果是首选，多吃可以加强皮肤组织对抗外来刺激的能力。

第 6 攻略：防晒品里要含 Zinc Oxide（氧化锌）成分

一般的防晒品都会含有 PABA（对氨基苯甲酸）等化学物质，但这些大多会伤害敏感皮肤，皮肤敏感者可选用含 Titanium Dioxide（二氧化钛）或 Zinco Xide（氧化锌）的产品。但这些物质容易跟金属产生化学作用而引致黑斑，因此，必须等防晒品完全干透后再戴首饰。

第 7 攻略：橄榄油 + 水 = 低刺激、润泽洗面乳

如果试过好多润肤品，效果都不好，怎么办呢？别急，我们还有最后一招：将半杯橄榄油兑半杯清水，晚上当洗面乳使用。用橄榄油加水来洁面，肌肤绝对滋润、不敏感，无论什么样肤质的人都可放心使用。

误区31：洁面乳不经手心搓揉发泡，直接在脸上搓洗也没关系

☑ 紧急纠错

没搓起泡沫的洗面奶会紧紧地贴在皮肤表面，伤害皮脂膜。正确的做法是：洁面乳要先加清水，在手心搓揉发泡，因为发泡后的洁面乳才能发挥清洁效果，而且泡沫状比未发泡的乳状更加温和。洗脸时要先洗“T”型部位，两颊轻轻带过就用温水洗掉。但洁面乳用手是没办法打出丰富的泡沫的，基于这一不足，

起泡球就应运而生了。起泡球最主要的特点是：在很短的时间内使洁面化妆品产生最多的泡沫，而且还能使用手打不出泡沫的洁面乳也快速搓出泡沫，真正实现用泡沫洁面。大家可以把洁面乳起泡球看作一种洁面的美容工具，帮助洁面乳、洁面膏、洁面皂等洁面产品快速产生丰富的泡沫进行洁面。起泡球是洁面乳的金牌助手。

误区32：肌肤敏感时，一定要使用敏感性肌肤的专用护肤品系列

☑ 紧急纠错

50% 以上的 MM（美眉）曾受过敏感的困扰，大家也都知道敏感性肌肤需要特别护理。但一出现过敏现象，就换成整套敏感性肌肤的专用保养品，这样并不安全，因为皮肤一旦过敏，就会变得异常娇气。正确的方法是：不要一次全部更换，可以从保养的最后一道程序的产品，如晚霜或乳液开始换，然后逐渐全部换掉，也可以先停用带刺激性的产品，如含有酒精成分或果酸成分的产品。另外，“适度清洁”是敏感性肌肤的保养重点，因为毛孔内的污垢也是过敏、发炎的罪魁祸首。但千万不要洗过头，皮脂层被破坏，皮肤就更加容易过敏。

误区33：担心肌肤过敏而简化护肤程序，只拍些爽肤水就够了

☑ 紧急纠错

“干痒”是敏感性肌肤最常见的症状。为什么会干痒？最大的原因就是干燥。只有为肌肤充分保湿，才能缓和过敏症状并帮助细胞复原。另外，使用防晒乳能防止肌肤被紫外线伤害。

彻底解决“干痒”症状的具体做法：

1. 抗敏、保湿

“保湿”是敏感性肌肤的另一个保养重点。抗敏感乳液含水量较高，比乳霜更能安抚敏感性肌肤，帮助肌肤调整水分饱和度，增加抵抗力。

正确选择：敏感性肌肤专用品，即有标示“gentle、mild、sensitive”的产品，是专为敏感性肌肤设计的，可放心使用。也可选用具舒缓成分的用品，如包含“草本”或“海洋”等天然萃取成分的产品。

正确使用：冬天或温度比较低时，乳液会显得比较浓稠，要先用手掌温一下再使用。用“轻弹”的方式把乳液稍微抹开，用手指轻弹在脸上，不要用力涂抹，以降低敏感性肌肤的压力。

2. 爽肤调节

爽肤水的作用在于镇静敏感的肌肤、整理肌理纹路、平衡洗脸后肌肤 pH 酸碱值。

正确选择：产品要有镇静、保湿的功效。洋甘菊、芦荟、金盏花或温泉成分，都有镇静舒缓的抗敏效果。含酒精和酸类成分的都要避免。

正确使用：不用化妆棉——棉絮会让敏感性肌肤不舒服，最好选用不织布化妆棉或直接用干净的手涂抹。

双手按压式：“拍打式”不适合敏感性肌肤，最好用涂满化妆水的双手，由内向外温柔按压。

3. 防护、隔离

没做好防晒，也会造成紫外线物理敏感，尤其是已经发炎的敏感性肌肤，更见不得阳光。如果说保养是皮肤的内衣，那么防晒就是皮肤的外衣。

正确选择：低过敏性＋质地清爽——选择敏感性肌肤专用的防晒品，含有抗过敏成分，质地越清爽越好。

正确使用：先涂薄薄一层并均匀按压，较高部位如鼻子、颧骨再加涂一层。

下午再涂一次：常常外出，就要在下午外出前再涂一次，涂前先用面巾纸去掉油分和脏污。

4. 加强保湿、抗敏的舒缓面膜清爽

面膜密闭的保湿效果，绝对是其他保养品望尘莫及的，最好每周使用两次来增加皮肤的水分，也可舒缓红热不适的现象。过敏症状明显时先把面膜放在冰箱里冰一下，然后再敷，这样能舒缓发炎症状，避免发生不适现象。

5. 特殊场合用的抗敏急救喷雾

长时间在有空调的房间里，脸会干痒难受，建议在抽屉里放一瓶抗敏喷雾，皮肤不舒服时，可随时镇静、舒缓一下。

使用保湿喷雾小提示

1. 不过度依赖：保湿喷雾只可临时舒缓，不能因喷了舒服，就频繁地使用。

2. 拭干多余水珠：水珠留在脸上，会带走皮肤表层的水分，喷完喷雾，要立刻用面巾纸拭干。

误区34：粉扑不用清洗，可以一直使用

☑ 紧急纠错

很多MM（美眉）都没有清洗粉扑的习惯，殊不知不干净的化妆用具也是引发肌肤过敏的罪魁祸首！由于底妆产品含油量较高（尤其是粉底液和粉霜），

补妆时脸上的油脂会被粉扑吸走，吸满油脂的粉扑与空气接触，成为细菌繁殖的最好去处。使用脏脏的粉扑不但不雅观，而且容易滋生细菌，让肤质变得脆弱或长出痘痘。而且，粉扑上残留过多粉底会影响上妆的均匀与服帖度。所以，每星期都要清洗一次粉扑。

清洗粉扑的正确做法：

1. 使用中性肥皂或专用清洗剂，倒适量于已经蘸水的海绵上，使其产生泡沫；

2. 以重复用手掌捏放的方法，将海绵内的脏污与粉彻底清理出来；

3. 用大量清水冲洗掉清洁剂或香皂泡，不要有任何残留；

4. 放置在阴凉处阴干。阴干后就可继续使用！

NG（不好）做法：千万不要用搓揉海绵的方式清洗，这样做不仅会因拉扯使海绵弹性变差，而且有可能出现脱屑状况。

误区35：皮肤过敏或晒伤，赶快用冰块直接敷脸消肿

☑ 紧急纠错

夏季天气过度炎热，由于吸收了大量的紫外线，很多MM（美眉）的皮肤明显被晒黑了，涂多少防晒霜也不管用。这时急需给皮肤降降温，不仅可以减轻皮肤的火辣感觉，还可以抑制色斑生成。有什么好的方法能缓解日晒？很多MM（美眉）用冰块敷脸的方式给肌肤降温，太可怕了，这样可是会给已经受损的肌肤造成二度伤害！

正确的做法是：

最好选用毛巾包住冰块，或直接将蘸湿的毛巾放进冰箱冷藏，压在肌

肤上3—5分钟。重复数次，直到皮肤不红、不痛。

误区36：纸质或棉布类面膜敷久点没关系啦

紧急纠错

长时间敷着面膜洗澡或看“肥皂剧”，这样很容易让你忘记时间。但并非面膜停留在脸上的时间越长，功效就发挥得越显著。敷面膜的时间过长，皮肤不仅不能吸收面膜中的美容液和养分，反而会使面膜上的营养素蒸发、散失，还有可能吸走肌肤原有的水分。所以，长时间敷面膜，当心保养不成，反出现红肿、瘙痒的症状。很多上班族女性因为工作忙碌，眼睛易疲劳，每天习惯敷眼膜来舒缓，如果因太劳累而敷着眼膜睡觉，第二天醒来，两只眼睛会肿成“粉肠眼”。

提醒：敷面膜或眼膜的时间过长，很容易刺激皮肤。一般来讲，没有特殊说明，补水型啫喱面膜不要超过20分钟，否则会堵塞毛孔；而清洁功效的泥膜只需要停留3—5分钟；织布型面膜在八分干时就应该除去，因为面膜干透后，反而会加速皮肤表层的水分蒸发。

误区37：秋冬季，阳光照射不强，不用作防晒护理

紧急纠错

日晒对人体确实有好处，可以帮助骨骼增加钙质。秋天一般很少会出现皮肤晒伤、脱皮的严重状况，但这不等于肌肤可以不做防晒护理。因为紫外线对皮肤的影响是累积的，晒后产生的自由基会持续活化酪氨酸酶产生斑点！这就是为什么之前觉得晒后会红肿、变黑、脱皮，但很少会出现斑，可是后来变

得越来越怕晒，容易长斑了。这都是积沙成塔的自由基因在作怪！做好防晒，不要因为秋冬季而停止，相反还是要根据不同的皮肤状况选择不同的晒后修护措施。

第一种：晒后不会变红，但会立即变黑。

这种人对紫外线的抵抗力强，属于“耐晒”型，皮肤不会被晒伤，也不会起水泡，但还是有色素沉积现象。由于肌肤天生勇健，晒后若没发炎，隔天就可以开始美白了。

第二种：马上变红，但不容易晒黑。

这种人对紫外线的抵抗力弱，属于“光老化”高危人群！晒后皮肤容易变薄、无光泽、产生细纹，即使在室内也要搽SPF15以上的防晒霜，因此，晒后更要补充胶原蛋白。

第三种：马上变红，2—3天后变黑。

大部分黄种人属于这种类型，晒后既会变红又会变黑。不过只要及时镇定，并且在72小时内加强保湿，都有机会使肌肤恢复水嫩白皙。

误区38：洁面后，不必立刻涂抹护肤品

☑ 紧急纠错

洁面后应立即使用护肤品，这样可以使营养成分被更彻底地吸收，并且保持皮脂膜健康。

每次洗脸都会对皮脂膜造成或多或少的破坏，而且洗完脸以后，皮肤就开始不断变得更干燥。所以，洗脸后要马上护理！尤其在冬天，皮脂分泌量较

少，洁面后新的皮脂膜很难即刻形成，如果不马上使用护肤品补充水分和养分，皮肤就会出现干燥、紧绷等问题，对皮肤也是一种伤害。而且洗脸后的皮肤就像海绵一样非常容易吸收养分，是进行护理的最佳时机。因此，建议在洗脸后3—5分钟内及时进行皮肤护理，以形成保护层，使皮脂分泌平衡。

误区39：冰箱是保鲜化妆品的好地方

紧急纠错

将护肤品统统打入“冷宫”，将致使护肤品内的活性成分丧失，水油分离。曾经有人问：“前段时间把晚霜储存在冰箱里，昨天拿出来一看，怎么油和水分离了？”这是很多人搞不清楚的一个问题。

炎热的夏天来临，肌肤渴望冰爽的护理，晚上敷一张冷藏过的面膜是降温、镇定的良方。季节变换，护肤品也应随之调整，那么，换季闲置不用的护肤品怎么办？只有放在较低温的环境中才可以帮它们保持住自身的“活性”。于是，时尚美少女们喜欢把保养品统统放进冰箱冷藏，有的MM（美眉）将一些霜类化妆品打入“冷宫”，结果拿出来后发现水油分离了。

其实，含油脂的护肤品是不适合放在普通家用冰箱里的，因为普通家用冰箱的冷藏环境低于12℃，会使很多产品中的活性成分丧失。而且普通家用冰箱的湿度较大，护肤品和各种食物放在一起，增加了串味和滋生细菌的可能。经常使用的护肤品也不能放进普通家用冰箱，因为每天拿进拿出会让护肤品因为温度的反复无常而加速变质。一般来说，无油的凝露或者一次性的面膜等水质护肤品比较适合冷藏，且要保持12℃左右，化妆品专用的迷你小冰箱是不错的选择。其他的护肤品只要存放在干燥、阴凉的环境内就可以了，开过封的护肤品，最好在保质期前半年用掉。

误区40：洗面产品不重要，为节省开销选择质量较一般的也没关系

☑ 紧急纠错

因预算关系或者其他原因，我们通常忽略了洁面产品的品质，这样做不但会增加护肤费用，而且还伤害了肌肤。清洁肌肤，对于肌肤护理而言有着十分重要的作用，如果洁面不够彻底，那么就会对后续的护肤工作产生许多不利影响。因而，想要肌肤护理真正有效，最首要的一条就是做好洁面工作。通常质量很一般的洁面产品会破坏肌肤的 pH 值，而由此造成的伤害需要多用掉约 1/3 的面霜才能弥补。这样做实在得不偿失！

误区41：想要眼霜更有效，就要厚厚地涂抹在眼部皱纹或细纹上

☑ 紧急纠错

如果问你，你的眼部保养到位了吗？你会怎么回答呢？如果你说是的，那效果显示出来了吗？很多人都知道，眼睛周围肌肤是脸部最脆弱的部位，因为它十分薄，且柔弱、娇嫩，如果护理不慎，就会造成黑眼圈、眼袋。因此，为了美丽的眼睛，很多 MM（美眉）都不会忽略眼霜的使用。相对来说，眼霜的滋润度、延展性都比较高，因此用量不宜很大，大概在一个绿豆粒大小。这也就是为什么几乎所有品牌的眼霜含量都在 15ml 左右。另外，眼睑处的肌肤没有脂肪，不易吸收护肤品，如果将眼霜过多地涂在眼睑上，不但容易刺激眼睛，使眼围肌肤毛孔堵塞而形成油脂粒，而且容易因拉扯使眼睛周围肌肤的小细纹更加明显。

误区42：涂抹眼霜用哪个手指都可以

紧急纠错

眼睛周围的肌肤要比面部肌肤薄5倍，因此更加脆弱。而大多数人涂抹眼霜时习惯用食指或中指，它们的力道对娇嫩的眼部肌肤而言是一种负担，这已经足以因拉扯而使细纹更加明显，同时也刺激黑色素沉积而间接造成黑眼圈。

正确的方法是：

用无名指蘸取适量眼霜涂在上下眼睑的外围，由内至外或点或轻涂于眼骨上，眼尾可再按压几下。可以用弹钢琴的手法轻轻将眼霜拍打在眼睛周围肌肤上。眼霜需要早晚各使用一次，并坚持长期使用。在涂抹眼霜的同时还要及时补充营养，保证规律而充分的睡眠。

误区43：眼部无须使用防晒品

紧急纠错

最脆弱的眼睛周围肌肤的防晒工程经常被忽略，看看很多人眼睛周围的晒斑就足以证明这一点。也有人将面部防晒产品直接涂到眼部，殊不知，含有SPF防晒指数的面部产品对眼部肌肤来说是不堪重负的，涂抹后有可能造成极大不适，甚至会产生过敏现象。一副太阳眼镜、质量好的防晒眼霜、可用于眼部的遮瑕膏等都可充当眼部的防晒品。眼部防晒品的质地不要太干，因为眼睛周围肌肤皮脂腺的分泌较少，质地太干会让眼周肌肤变得干燥，小细纹会更明显。有些人怕搽得太油会长小肉芽（汗管瘤），其实汗管瘤跟搽的东西没有关系，

如果眼睛周围肌肤非常干、糙，那么建议选滋润度高的产品。当然，夏天怕搽起来太油腻，如果肤质不是太干，那么选择质地较清爽的也不错。防晒系数与脸部使用的相同即可，夏天至少要选用 SPF20 的防晒品。

误区44：为了有效控油，一天内频繁地洗脸，并且频繁使用吸油纸

☑ 紧急纠错

皮肤出油可以用吸油纸吗？事实上，吸油纸只能单方面去除皮肤表面多余的油分，并没有照顾到皮肤动态的水油平衡的需求。由于没有同时补充水分，皮肤会因缺水而分泌更多的油分来锁住肌肤里余下的水分，因此就会感到肌肤越来越油。油性和混合性肌肤通常油脂分泌都不正常。皮脂腺分泌过于活跃，尤其是在炎热、潮湿、闷热的夏季，皮脂腺更是“超速传动”，所以不应该过分地刺激它。频繁洗脸、吸油等都会让本来就分泌旺盛的皮脂腺分泌更加旺盛，肌肤的 pH 值被破坏，越挤越多、越吸越多。应该选择合适的平衡油脂的产品，最好是一个系列，从洁面乳到面膜，再到基础护肤产品，而非单纯地选择控油产品。

误区45：将药用型产品当护肤品使用

☑ 紧急纠错

长期使用药用型护肤品，小心肌肤产生药物依赖性。反复受痘痘和粉刺困扰的 MM（美眉），与痘胶膏、粉刺净形影不离，有的真接到皮肤医院开了药膏，每天当护肤品使用。而有的 MM（美眉）对护肤品的选用更是格外小心，无论

有没有出现过敏症状，都只使用药房里出售的药用型护肤品。结果，很多MM（美眉）的肌肤问题并没有得到根本解决，而且皮肤还出现干燥、粗糙等新问题。

虽然现在很多药用型产品标榜同时具有护肤作用，国外品牌中还出现了药妆产品，但一般药用型护肤品的功效要么偏重治疗，要么偏重调理，不可能做到治疗和保养效果都好，像药店出售的抗敏感一类的药妆品牌只能说对肌肤更温和、安全，却无法有效治疗严重的症状。而青春痘、粉刺和痤疮等药用型产品，能快速杀菌、消炎，避免患处情况恶化，但同时也会使皮肤变干燥。而且，许多药膏中含有微量激素，长期使用会对肌肤的屏障功能造成损害。

因此，建议阶段性地使用药用型产品，并且只在局部患处使用。症状得到控制后应继续使用适合各自肤质的护肤品，特别是具有补水、保湿和修护功能的护肤品。另外，饮食上也要注意，少吃辛辣、油炸的食物，还要少喝咖啡，不吸烟、不喝酒，以减少对皮肤的刺激。

误区46：护肤品可以用来治疗严重的粉刺、痤疮

☑ 紧急纠错

护肤品毕竟不是药，不能取代药品的功效。粉刺、痤疮本身就是一种病理反应，有阶段性的。偶发性的粉刺、痤疮，比如有些女性生理期内会长小痘痘，过后很快就会消失。但严重的粉刺、痤疮通常是身体内部存在毒素，循环系统、消化系统不好或代谢不正常导致的。使用保湿类护肤品可以在一定程度上缓解这些症状，但要根本治愈只能到医生那里寻求帮助，服用一些药物消减类似症状的发生。对于面部已有的痤疮，只能通过小型的手术剔除炎症，否则会很容易让自己成为“麻子脸”。

误区47：从不使用排毒净肤类护肤品

☑ 紧急纠错

脸色不佳，肌肤粗糙暗沉、失去弹性，有没有想过是因为排毒不畅呢？很多人没有考虑过排毒、净化这回事，但是并不表示你不需要。随着年纪越来越大，长年累月地面临空气污染，新陈代谢的速度变得越来越慢，即使持续给予肌肤滋养，效果也看不见。有毒的身体是酸性的，唯一可以帮助肌肤净化的就是精油。净化的方法有很多种，最简单的方法就是选用可以帮助提亮肤色的含精油的面膜，既快又方便。特别是经常熬夜、吸烟、生活起居不规律的人，更应该有规律地使用深层排毒的含精油的精华液，这样可以给肌肤充足的养分及能量，使肌肤呈现健康活力。

误区48：想美白，使用美白产品最管用

☑ 紧急纠错

除遗传因素外，阳光是造成肌肤变黑的主要原因。想美白必须先从防晒开始，这样可以大大减少导致肌肤变黑的诱因，阻止新斑点的形成。要肌肤恢复净白健康，不仅要抑制过多的黑色素，更要对肌肤进行全面有效的预防及保护。预算有限者应最先添购的美白保养品非防晒品莫属。正在使用美白产品的人更应该注重防晒，因为无论哪种美白产品都要通过减少肌肤中的麦拉宁色素而起到美白作用，这就意味着肌肤自身抵御阳光的能力降低。如不防晒，不但美白成果付诸东流，而且肌肤更容易变黑，更容易受到伤害，会感觉自己要在阳光下融化了。这是因为你肌肤中的麦拉宁色素已经被破坏，失去了自我防护的功能。

误区49：防晒效能越好+防晒时间越长=防晒指数越高

☑ 紧急纠错

想要有效防晒，用高指数防晒霜就可以高枕无忧了。如果你也有这样的想法，那就悲剧了。有过这样的经历吗？尽管使用了高防晒系数的产品，度假回来后仍然发现肌肤有晒黑、晒伤的现象。原因很简单，所谓防晒产品用后既不会被晒黑又不会被晒伤，可整天无忧无虑躺到沙滩上完全是化妆品厂家的广告。任何防晒产品，无论其防晒系数有多高，都不可能完全避免肌肤被晒黑，这就是为什么近年来国际标准中不再允许防晒品中使用“BLACK”这个词。另外，所有防晒品中起防晒作用的滤光器在涂用后两个小时就被肌肤吸收完了，不再具有防晒效用。所以涂抹防晒产品，最多隔两小时就要加涂一次，这样才足以遏制紫外线的侵袭。

误区50：年轻时不用考虑肌肤衰老问题，或者很年轻就开始使用抗衰老产品

☑ 紧急纠错

猛一看，以为这是两个问题，其实并不是，解决老化问题分两个阶段：预防老化和抵抗老化。20 岁至 25 岁时，肌肤机能处于良好状态，自我修护的能力也非常好，只要做好日常保湿、滋润、水油平衡就很好，基本没有抗老化的需求，使用抗老化产品反而是浪费。25 岁至 30 岁左右，肌肤状态已经处于水平发展的方向，自我修护能力减缓，老化问题开始慢慢显现，此时需要使用一些具有抗衰老功效的产品，帮助肌肤延缓衰老的脚步，否则等面部出现衰老现象再采取措施就已经有些晚了。30 岁或者哺乳后，女性的激素开始走下坡路，

肌肤自我修护能力越来越差，此时需要的才是真正的具有抗衰老功效的产品。我们可以根据这样的顺序选取合适的护肤品，既能够防患于未然，又能够避免浪费。

误区51：面霜也可以当作颈霜使用

紧急纠错

很多女士都非常注重面部护理，而忽略了颈部的护理需要，以致令颈纹提早出现。“从一个人的颈部就可以判断出这个人的大概年龄”，但很多女人忽略了颈部是自己面部肌肤的一部分这一事实。看似粗糙的颈部肌肤实质上比面部肌肤要薄两倍，面部护理产品不足以滋养颈部，所以专门的颈霜是最好的护理产品。颈部需要认真地护理，从 25 岁开始就应该早晚使用颈霜，避免颈部肌肤松弛甚至出现颈纹。使用颈霜前最好用温热的毛巾先暖敷两分钟，涂抹的时候要稍稍仰起头，用双手的拇指和食指轻轻地向上交替推按。在已经形成颈纹的地方稍作停留，将手轻按在上面几秒钟。最后用双手的食指和中指放于下颌骨的淋巴结处停留按压一分钟，以促进淋巴循环。

还需要注意：

由于颈部肌肤弹性差、肤质薄，按摩时不可用由上往下的方式（因为会使得颈部肌肤更加松弛），不可用打横的方式（因为颈部皮肤是横向的），而要使用由下往上的方式。颈霜一般于晚间使用。如果颈部皮肤出现过敏现象，颈霜应停止使用。应置于阴凉、干燥处保存，避免阳光直射。

误区52：使用保湿面膜或保湿粉底，可代替基础护理保湿霜

☑ 紧急纠错

许多面膜或者护理型粉底在宣传时都有诱人的“保湿”“亮肤”等字眼，但希望以下的解释能让大家了解，面膜、护理型彩妆产品是不能代替日常护理产品的。面膜就如同夏日口渴时一杯能解渴的水，即刻补充水分、亮肤或缓解敏感现象，但过一会儿你还会口渴。做完面膜后不久，舒适感就会消失，原因是面膜是肌肤护理中的补充型产品。它的功效持续时间较短，通常仅有2—3个小时，是周护理型产品，每周用2—3次即可，不能把它当成日常护理产品天天使用。以保湿产品为例，品质好的保湿型产品不仅能够补充、锁住肌肤水分，而且能够在空气中获取水分，通过三效合一从而达到长时间保湿的效能，像水浴一样，这是面膜无法企及的。同样道理，具有保湿功效的粉底，其重点在粉质上，保湿功效是在此基础上额外添加的，只能使粉质不吸水，护理功效自然就不会很理想，出现紧绷、干涩、不适现象在所难免，如果单纯使用它来代替日常护理产品就更不可行。

误区53：面部按摩越久越好

☑ 紧急纠错

面部按摩并不是越久越好，过度按摩易产生反效果。

有很多美容方面的文章介绍过面部按摩的优点，比如加快面部血液循环、促进新陈代谢、增加皮肤的弹性以及促进护肤品营养成分的吸收，等等。确实也有不少护肤品的使用说明上标有“涂抹后要轻轻按摩几分钟，以便加快吸收”。而很多MM（美眉）也认为，脸部按摩的时间越久越好，其实不然。年轻MM

（美眉）的皮肤弹性和新陈代谢都比较好，大可不必长时间按摩。因为过度按摩反而会加快皮脂的分泌，使油性皮肤更油。一些高营养的护肤品加上长时间的按摩，容易堵塞毛孔。同时，也容易滋生细菌。过敏性皮肤和正在发痘痘的肌肤最好不要做面部按摩。通常来说，油性皮肤按摩的时间宜控制在 4—5 分钟；中性皮肤的按摩时间宜控制在 8—10 分钟；干性皮肤的按摩时间可以稍微加长一点，一般为 10—15 分钟。

误区54：自制蔬果面膜最安全

☑ 紧急纠错

现在电视时尚美容节目，经常介绍一些 DIY 面膜的方法，很多 MM（美眉）看后觉得创意不错，再加上市面上的面膜说不清是不是含有香料、酒精等添加剂，因此认为 DIY 水果美容面膜更经济、方便。黄瓜清爽保湿，柠檬嫩肤美白，桂圆、芦荟更被美容界奉为“美容圣品”，经众多媒体的大肆宣传，以新鲜蔬果切片、榨汁来敷面的方法使许多银子不多却又爱漂亮的 MM（美眉）们乐此不疲。所以，在此特别提醒各位 MM（美眉），新鲜蔬果可不是随随便便就能往脸上涂抹的，使用不慎的话，美容反变成“毁容”。

的确，一些天然蔬果中的成分具有美容功效，如果酸、维生素 C 等，很多护肤产品就是提取蔬果中的这些营养精华制成的，但并不意味着新鲜蔬果直接敷面就能达到很好的美容效果，实质上这对我们皮肤的帮助很有限，可能是在刚做完时感觉有一些效果，但第二天的肤质又会恢复到原来的样子。柠檬、黄瓜、蛋清等经常被用来 DIY 面膜或日常护肤品，在某种情况下它们的确是护肤品，但并不意味着适用于所有肤质。比如，较敏感的肤质就应该避免使用柠檬等含果酸的成分；将黄瓜切片后直接贴到脸上，仅能使肌肤吸收到很少的养分，而未覆盖到的肌肤由于没有任何营养物的呵护会出现不适反应。干性肌肤不要

使用蛋清打底做面膜，它会使你的肌肤越来越干。原因就是这些 DIY 面膜成分很天然，并没有经过一些科学技术的处理。一般来说，分子太大的话不能被肌肤吸收，所以虽然有趣、省钱，但是没有效果，聪明的你要好好考虑一下哟！

其实，多吃新鲜蔬果就能将蔬果的美容作用很好地发挥出来。如果你想美白，就少吃木瓜、胡萝卜、芹菜、香菜等易感光的蔬果，应该多吃些具有抑制色素沉积、净白肌肤作用的蔬果，比如草莓、猕猴桃、西红柿、花菜等。

误区55：补水与保湿是一回事

☑ 紧急纠错

保湿与补水是女生的必修课。保湿和补水究竟有怎样的区别？保湿和补水是两个不同的概念。补水是直接补给肌肤角质层细胞所需要的水分，在滋润肌肤的同时，改善微循环，增强肌肤滋润度。保湿则仅仅是防止肌肤水分蒸发，根本无法解决肌肤的缺水问题。正确的顺序应该是：先补水后保湿。如何补水、保湿？换季的时候，你是不是常常觉得脸上干涩紧绷？更糟的是脸上还有脱皮的现象，不但化妆时粉没办法上得均匀，妆也总是浮浮的，小细纹就利用这个大好机会悄悄地跑出来。换季后气候逐渐转冷，温湿度开始加大时，一定要做好肌肤的保湿工作，最好选择一些具保湿滋润功能的保养品，适时并充分地补充水分及油分，给肌肤最佳滋润与平衡，赋予润泽度与抵抗力，来面对换季后闹情绪的肌肤。保湿不仅仅是搽上具有保湿功效的产品就够了，面对换季时容易干燥的缺水肌肤，更要完整地加强保湿。健康的肌肤表层应有 12%—15% 的水分，含水量充足的肌肤，不但柔软、光滑，摸起来更是充满弹性，散发年轻的光彩。但是一旦缺水，那么除了干燥、粗糙外，小皱纹可就要出来见人了。青春小鸟一去不复返，可千万不要大意哦。由此可见保湿是多么重要，赶快立志做好补水保湿的工作吧。

补水妙招

1. 喝足够多的水，每天至少要喝 8 大杯水，除了喝水外，水果可别忘了多吃哦。

2. 尽量避免风吹日晒，此时尽量减少户外活动。

保湿妙招

1. 不要用过热的水洗脸，洗脸后一定要用化妆水补充水分。

2. 选择具有高保湿效果的润泽保养品，直接帮肌肤留住水分。

3. 使用具有保湿效果的面膜来 SOS 干燥缺水的肌肤。

误区56：与太太合用护肤品没关系的

☑ 紧急纠错

眼看脸上的肌肤越来越差，在秋风里越来越干燥，是从内到外给自己重新置备一套男士专用护肤品，还是借用老婆的“宝贝”救急？男女有别，男女的肌肤自然也会有所不同。男女的肤质相差很远，就算年龄和生活习惯相似，肌肤的状态也会有很大不同。尤其是女性所使用的乳液营养性比较高，男性使用的话很容易诱发青春痘。男士护肤的重点在清洁，而女士护肤的重点则在滋润。因此，在护肤产品的选择上，男女的确要区分开。

误区57：一天使用洗面奶洗脸3次以上

紧急纠错

夏天由于天气炎热，很多人经常洗脸，甚至形成了一种习惯，隔一会儿就去洗一次脸。那么夏天洗脸太频繁了好不好呢？洗脸是每个人每天必须做的事情。但不要以为洗脸是很简单的事情，洗面奶一搓，水一冲，毛巾一擦就完事。要想让你的血液循环更快，加速有害物质的排解，就不能频繁洗脸，否则容易产生皱纹。皮肤每天都在不断进行新陈代谢，由此可知，皮肤具有一定的自洁功能。脸部皮肤分泌的汗液和皮脂在皮肤表面形成一层弱酸性的脂膜，看起来有光泽。过度洗脸非但不能保护皮肤，还会伤害皮肤。如果使劲儿搓、频繁洗，就会损伤正常的表皮细胞，出现红肿、过敏等问题，而且恢复起来很慢。皮肤丧失了表皮细胞的第一层保护，水分流失越来越快，皮肤越来越干燥，弹性不足，久而久之，皱纹就产生了。不论男女，用洗面奶洗脸，早晚各一次就足够了。如果超过两次，会将必要的油脂和水分洗去，从而使肌肤变得干涩。另外，也要注意过度按摩给肌肤带来的损伤。

误区58：冬天只注重保湿，不注重防晒

紧急纠错

许多人以为冬季的白天明显缩短，就对紫外线掉以轻心。事实上，紫外线强度并不能单纯凭日照时间、强度去判断。而且近年因臭氧层遭到严重破坏，紫外线的威力一年四季都同样猛烈。相关专家也已经证实，皮肤在冬季对紫外线的敏感度比在夏天还要强，因此，防晒在冬季反而是更为重要的护肤功课。白天出门前最好先使用防晒系数在 SPF10 以上的产品，同时配以补水和深层

滋润的日用面霜，从而真正保护好肌肤。

误区59：敏感性肌肤使用的护肤品最安全

☑ 紧急纠错

一些标注有“经过过敏测试”的护肤品的出现，似乎为敏感性肌肤带来了保障，但是经过敏感测试就真的不会导致过敏了吗？经过过敏测试，是不是就能百分之百保证皮肤不过敏？国家卫生局有关工作人员表示，在产品包装上标注“经过过敏测试”字样是允许的，但每个人的体质不同，经过过敏试验，并不保证每个人都不过敏。事实上，敏感性肌肤专用的保养品对肌肤较温和，但对污垢的洗净度不够。选择适合自己肌肤洗净度及保湿度的产品比较重要。特别对于男性来说，清洁是护理肌肤的关键。

误区60：黑头是因为没有彻底清洁肌肤才出现的

☑ 紧急纠错

黑头是什么东西？为什么会有黑头？黑头又是怎么形成的呢？这一连串的问题都是很多 MM（美眉）想知道的，因为白净漂亮的脸蛋上面长一些粒状的黑色毛头，实在是难看。想要去掉又不容易，今天挤了明天又长出来，让人烦恼。黑头是油脂硬化阻塞物，之所以出现是由于皮肤中的油脂没有及时排出，时间久了，油脂硬化阻塞毛孔而形成。鼻子是最爱出油的部位，不及时清理，油脂混合着堆积的大量死皮细胞沉积，就形成了小黑点。所以，清除过剩油脂和控油是关键。

误区61：黑头是年轻人的烦恼

紧急纠错

黑头是很常见的皮肤问题，是不分年龄的。黑头的出现是个人肤质与外界环境因素共同造成的，任何年龄段的人如果不好好地护理肌肤，都有出现黑头的可能。想要去除黑头，必须得有耐心，因为这是一种新陈代谢，去除老化的黑头的同时又会长出新的黑头来。去除黑头最重要的是，一定要注意平时的日常护理。

去除黑头的有效方法：

1. 使用麦片或杏仁面膜彻底清理面部皮肤。在麦片或者杏仁粉内加入适量的玫瑰花水，搅拌成面糊状，用手指尖将其涂在脸上，尤其要注意长黑头的区域。等待 15 分钟左右，面膜干透后用凉水洗干净。

2. 用纯柠檬汁（不掺水的）涂抹患处，每日两到三次。

3. 用一杯半热水和半汤勺硼粉制成的溶液可以有效治疗黑头。将一张面巾纸浸入制好的溶液中，然后用其按压脸部，再重复上述做法两次。用专门去黑头的工具小心地将黑头除掉，然后拍上一些紧肤水。

4. 取一点蜂蜜并稍微加热，涂抹在患处，10—15 分钟后再洗掉。切记，去黑头千万别用手去挤，尽管当时挤干净了，但是过分刺激反而使肌肤的油脂分泌腺加速分泌，就像我们挤压一个油棕果一样，力度越大出油越多。而且挤压会给细嫩柔弱的肌肤带来更严重的伤害——毛孔粗大和留下疤痕。

误区62：护肤水要用可以平衡pH值的

紧急纠错

要选择适合自己肤质的护肤水。护肤水的功效主要不是平衡 pH 值，而是平衡皮肤的状态。例如，油性皮肤的人需要使用控油平衡水，来帮助皮脂腺畅通分泌油脂;营养水则针对出现松弛或细小皱纹的老化性皮肤，补充较高的胶原蛋白;紧肤水则可以用来收紧下巴、皱纹，对油性皮肤还可收缩毛孔。护肤水的选择应该根据个人肤质而异，千万不能只注重 pH 值，更不能没有针对性地随意使用。

误区63：黑头可以一次根除

☑ 紧急纠错

众所周知，任何事物都有一个新陈代谢的周期，黑头也不例外。根除黑头要有耐心，已老化的黑头被清除几天后，新的黑头又在生成。正确方法推荐:

1. 定期一个月去两次专业美容院，基本上可以解决黑头问题。如果情况特别严重的话，一定要遵照美容师的建议。

2. 想省时省力可以任选一种扫“黑”帮手，原则是 8—12 天在家做一次，长期坚持。需要精心的日常护理来配合新陈代谢的周期，黑头才会被慢慢根除掉。

扫“黑”帮手: 鼻贴、鼻膜。

利用水溶性胶的黏性将黑头拔出，简单易行，但对深层黑头和大颗粒的黑头无能为力。毛孔因撕拉会变大，污垢很快又藏进去。鼻贴撕下时可能会刺激皮肤，过敏性皮肤的人要慎用。还要注意不能经常使用，事后一定要用收缩水收敛毛孔。

误区64：化妆会“损害”肌肤，令肌肤更加干燥、缺水

☑ 紧急纠错

每天往脸上涂抹那么多种彩妆，你肯定在暗自祈祷它们不会对皮肤有什么

伤害，甚至希望它们可以帮助你达成保养皮肤的目的。如你所愿，现在这种号称有保养效果的彩妆确实已经越来越多，即便它不会像保养品那样被皮肤吸收而滋养皮肤细胞，但至少也能提供适当的营养成分来保护皮肤，而且不会像我们曾经认为的那样，因频繁化妆而伤害细致的脸部肌肤。因此，我们已经进入了“边化妆边护肤”的彩妆新时代。针对肌肤干燥、缺水的状况，滋润，甚至额外补充水分、养分的科技彩妆纷纷面市。但并非所有的彩妆都能兼具护肤的功效，那些必须有色彩明艳效果的眼影、腮红就很难在里头添加任何营养成分。目前市面上销售的所谓“保养型”彩妆都是以粉底为主。

随着目前粉底材质的彻底革命，植物、矿物和精油等这些活跃在护肤品领域的成分迅速在彩妆领域夺权登位，粉底朝着完美护肤的“第二层面霜”这一目标进发了。各大品牌推出的护肤型粉底可以分为两大类，一是具有深层营养效果的粉底，一是具有表皮提升效果的粉底。但不管属于哪一类型的，它们都有一个共同的特质，就是“水油平衡”的质地。也就是说，有些成分是油溶性的，准备被皮肤吸收（营养成分）；有些成分是水溶性的，不打算被皮肤吸收（彩妆成分）。鉴于唇彩是大部分女孩拥有的第一样化妆品，因此对于如何在有色素唇膏里（不是唇油或护唇产品）添加护理成分，是化妆品厂商继粉底之后另一个重要的研发课题。目前已经有专业的彩妆品牌研发出能去除唇纹的保湿唇膏，使每天至少有 8 个小时被唇膏覆盖的嘴唇肌肤可以喘一口气。

误区65：长期使用一种精华素

☑ 紧急纠错

精华素之所以价格偏高，是因为制作过程中的科技含量高。为了将各种不同护肤成分浓缩起来，或者保持产品里的活性成分，必然要求制作、保存方法与普通护肤品不同。精华素要根据个人皮肤状态常变常新。不知你是否注意过，市场上所有出售的精华素都是小瓶装，当然不是为了省钱，而是精华素对皮肤的调理是阶段性的。当皮肤长斑、长痘、出现皱纹或发黄时，就要用相应的精华素来调理了。一段时间后，皮肤问题解决了，就要停用，否则会起反作用。为了发挥最大作用，精华素最好在晚上使用，白天用吸收效果不佳，比较浪费。

误区66：油性皮肤想要无“油”无虑，就得多洗，保持清爽

☑ 紧急纠错

油性皮肤会有很多的皮脂残留，排泄不当就会起痘，但如果一出油就马上进行清洁，会刺激油脂的分泌，所以一天洁面好多次反而会越洗越油。对于油性皮肤的人，如何有效地控油成了美容护肤的重中之重。其实，控油的最佳做法是补水保湿！很多MM（美眉）都觉得控油和保湿不能兼顾，特别是油性肌肤的MM（美眉），认为只要控油就不需要保湿，这种想法是错误的。婴儿体内的水分占体重的80%以上，而体内的水分是会随年纪的增长而减少的，由于婴儿体内有足够的水分，因此皮肤会显得细致、有光泽。事实上，成年人有足够的皮脂分泌但缺少水分，因此成人的肌肤保养也应以补充水分为大前提。

误区67：美白就是给皮肤增白

☑ 紧急纠错

美白并不是给皮肤增白，而是让你的肤色恢复本来面目。想要美白自然要掌握正确的美白方法，如果美白方法错误的话，你就等于做了无用功。事实上，白与黑不是皮肤靓丽与否的判断标准，关键在于皮肤健康、肤色均匀有光泽。很

多美容产品提出的“美白”并不是无限制地增白，只是让你的肤色回归本来面目。美白护理适宜的是长期疏于保养、角质层很厚、皮肤缺氧而面色发黄的人，例如长时间处于空调环境内的白领女性。通过清理、补氧、补充营养等，把皮肤调理成原来的均匀颜色，使它健康、光亮。这只是一种“调理”，而非“增白”。一些相信增白的人，喜欢频繁做美白护理、焕肤等，这些操作都会削薄角质层。而角质层是皮肤最外层的一道防线，变薄后会导致皮肤状况更糟糕——敏感，容易长斑，风吹后易起红疹，日晒后易被灼伤等。

误区68：好的粉底可以天天用

☑ 紧急纠错

对于女人，美白、靓丽永远是个热门话题，“美白控”喜欢用各类粉底极尽彰显嫩白肤质。但粉底终究不是护肤品，严格说来，好的粉底应该能让（而非帮助）皮肤呼吸。但是，长时间用粉底，会给皮肤呼吸造成障碍。因为城市空气中的硫化物很多，与脸上分泌的油脂结合会造成毛孔堵塞以致鼻头、脸颊很脏，毛孔也会被撑得越来越大。所以说，粉底应该在有必要时使用。真正漂亮、保养得当的肌肤，即便不用粉底也光鲜美丽。

误区69：防晒霜涂得越厚越有效

☑ 紧急纠错

入夏，各种高防晒指数的化妆品尤其热销。做好防晒是夏天最重要的，许多女孩喜欢在出门前涂很厚的防晒品，以为这样能躲过阳光的追逐。事实上，使用防晒霜一般以少量多次为宜，涂抹频率可视户外活动时间和日照强度而定，并且回家后要及时洗脸。一些专门为户外活动准备的高 SPF 值防晒霜能防水、防汗，不容易被冲洗掉，所以不适合脸部使用，可应用于躯干和四肢。此外，各个品牌的防晒霜成分不一致，不宜混用，否则有可能降低防晒功效或引起皮肤过敏。值得注意的是，有创口、发炎、痤疮和湿疹的皮肤患者，要暂停使用防晒霜，可采用遮挡的物理方法防晒。

误区70：不需要特别使用眼膜

☑ 紧急纠错

眼部肌肤的厚度只有其他部位肌肤的 1/4，所以更需要特别呵护。很多面膜，特别是清洁滋润类的，里面的成分会对眼部薄弱的肌肤造成刺激，所以使用时应避开眼睛周围。若想加强对眼部的肌肤的护理，眼膜的使用还是有必要的。尤其是在眼睛周围肌肤大量缺水、缺乏营养的情况下进行密集式保养，效果比较理想。应该坚持使用眼膜，每周至少两次，并与眼霜配合，这样才能达到最佳的护眼效果。

误区71：眼部与唇部需要频繁的补水护理

☑ 紧急纠错

女人是水做的，水分是美丽肌肤的第一要素，无论哪个季节，肌肤都很容易闹“皮”气！不想肌肤干燥、粗糙、暗沉、敏感，针对肌肤状况调理就对了。每天，一些习惯成自然的补水错误都在被我们不断重复，日积月累，娇嫩的肌

肤变得干燥、脆弱。眼部与唇部是面部皮肤最薄、皮脂腺最少的部位，更容易因缺乏锁水屏障而缺水。所以，比补水频率更重要的是先补充所需营养与适量油分，以便细胞在补充水分后保存水分。另外，颈部的补水、保湿也是很容易被忽略的。

误区72：眼霜要在爽肤水之后、精华素之前涂抹

☑ 紧急纠错

涂抹眼霜应在精华素之后。一般眼霜的质地比精华素厚重、滋润，搽过眼霜的肌肤很难再吸收其他护肤品的营养成分。所以，正确的顺序应该是：按照护肤品的分子大小结构来确定，最先使用的是分子最小的水质护肤品，接下来是可以深层渗透的精华素，然后再涂眼霜，最后是面霜。

误区73：做面膜前一定要去角质

☑ 紧急纠错

很多 JM（姐妹）总喜欢深度清洁肌肤，她们理所应当地认为，敷面膜之前就应当去角质。虽然在做面膜前保持肌肤的清洁是很有必要的，但是未必每次都要去角质。皮肤的角质层是皮肤天然的屏障，具有防止肌肤水分流失、中和酸碱度等作用。角质层的代谢周期为 28 天，即角质层每 28 天代谢一些枯死的细胞，因此去角质最多一个月做一次，过于频繁地去角质会损伤角质层。当然，敏感性的肌肤更不用频繁去角质。

去角质注意事项

1. 手法一定要轻柔。切记，摩擦顺序是从下到上、从里到外。

2. 去角质一定要避开眼周，这个部位的皮肤厚度是0.3毫米，角质层只有一层，所以不能去角质。

3. 额头、下巴、鼻子这几个部位的油脂角质最多，需要特别呵护，使用磨砂膏时可以多涂一些。额头和下巴处由内向外画小圈轻柔按摩，鼻翼则改为由外向内画圈，持续5—10分钟。

4. 敏感的红血丝皮肤角质层比较薄，要尽量避免用磨砂型的去角质产品。

5. 去角质的禁区：伤口、皲裂、痣、病变、过敏、湿疹、发炎的部位，这些部位绝对不可去角质。

误区74：撕拉式面膜会损害皮肤，不能使用

☑ 紧急纠错

经常听JMS（姐妹们）说撕拉式面膜经常用会造成毛孔粗大，千万不要使用！撕拉式面膜对皮肤有拉扯，极易损害皮肤，千万不要使用！撕拉式面膜真的有百害无一利吗？撕拉式面膜是利用面膜和皮肤的充分接触和黏合，在面膜被撕拉而离开皮肤时，将皮肤上的黑头、老化角质和油脂通通“剥”下。它的清洁能力最强，但对皮肤的伤害也最大，使用不当可能造成皮肤松弛、毛孔粗大和皮肤过敏。对撕拉式面膜的争议向来比较多，因为撕拉动作本身就会造成肌肤的损伤，所以建议大家不要使用此类面膜。当然，撕拉式面膜的长处是清洁力比较强，如果你的确钟情于这种面膜，切记涂抹面膜时要避开眼睛周围及眉毛，并且使用频率不能太高，通常一周一次足矣。

误区75：油性肌肤只用清洁面膜

紧急纠错

想必不少MM（美眉）都是面膜狂人，但未必真会选择面膜。油性肤质的MM（美眉）敷面膜需要选择三种面膜：控油面膜、深层清洁面膜和保湿面膜。因为在干燥季节，皮肤一样会缺水，出现又油又干的情形。使用时，可以在一星期中选一天做控油和保湿面膜，隔一星期做深层清洁和保湿面膜。

油性肌肤MM（美眉）敷面膜注意事项

1. 敷面膜一般不超过20分钟。夏天敷15分钟即可。冬天的时候，天气冷，肌肤吸收较慢，但也不能超过20分钟。敷面膜时间过长，就会把肌肤的水分吸走了。

2. 面膜不要长期连续使用，每周1—2次就够了。尤其是清洁类的面膜不宜做得频繁。补水面膜则可以在干燥的季节里隔天使用。

3. 不能频繁使用撕拉式面膜，它的清洁能力最强，但对皮肤的伤害也最大，使用不当可能造成皮肤松弛、毛孔粗大和皮肤过敏。

4. 敷完脸后要搽护肤霜，有利于皮肤表面的锁水，防止刚吸收的营养流失。

误区76：面膜不要涂抹太厚

紧急纠错

护肤菜鸟级的人经常为面膜用量的多少所困扰。敷太厚总觉得浪费，太薄又担心效果不够。很多人为了节省面膜，在皮肤上薄薄地敷一层，有时连皮肤本身的颜色都盖不住。其实，这样敷面膜还不如不敷，因为根本无法发挥面膜的效用。面膜需要敷厚厚的一层吗？是的！厚厚的面膜敷在脸部时，肌肤温度上升，促进血液循环，能使渗入的养分在细胞间更好地扩散开来。肌肤表面那些无法蒸发的水分则会留存在表皮层，让皮肤光滑、紧绷。温热效果还会使角质软化、毛孔扩张，堆积在里面的污垢就能趁机排出来。

误区77：直接用手涂抹爽肤水就可以

☑ 紧急纠错

你是不是经常把爽肤水、化妆水之类的液态护肤品直接倒在手心，然后用手轻轻地在脸上拍打，以期护肤水能更好地被皮肤吸收？事实上，直接用手涂抹护肤水，既不卫生又很浪费。有的人可能认为化妆棉的吸水性强，将护肤水倒在化妆棉上太浪费，直接用手拍似乎能滴水不漏。其实并非如此。护肤水在用手拍脸的过程中会流失掉，并不能把护肤水均匀涂满整张脸，会造成不必要的浪费。而且用沾有细菌的双手接触护肤水和皮肤，会削弱护肤水再次清洁的作用。讲究肌肤保养的 MM（美眉）应该养成用化妆棉的习惯，化妆棉轻柔的质地比手更能呵护肌肤，且干净卫生，能更好地发挥护肤水的调理功效。每天洁面后，用护肤水浸透化妆棉，均匀地涂抹在面部及颈部，只需少量就能涂匀整张脸！

误区78：用手指拿取面膜

☑ 紧急纠错

大罐面膜用手取用，再自然不过了。长期如此会影响甚至污染面膜，让皮

肤变糟。罐装面膜最好用面膜棒来取。人的手上会有很多细菌，如果直接接触面膜的话，会使那些没用过的地方也沾上细菌噢！你以为你的手很干净，但那只是你的错觉。手上的细菌、灰尘很多，触摸面膜之后会导致面膜的品质变差，污染整瓶。而面膜如果是大口包装，使用时敞着口任其接触空气也是不对的，被污染了的护肤品会使皮肤状况恶化。在使用面膜或其他护肤品时都要尽量避免用手直接接触，或者用酒精给手消毒，也可以用干净的挑棒或小勺取用。如果不想费事，那么选择包装严密、每次用量分装的产品更好。

误区79：日霜、晚霜颠倒使用没关系

紧急纠错

白天涂日霜，晚上涂晚霜，有时马虎搞错，没关系的吧？

很遗憾，最好不要，尤其是在夏季。日霜和晚霜的最大区别，就在于它们被皮肤吸收的营养各不相同。日霜属于表层护肤品，其功能侧重点是“防护和隔离”，它会和皮肤表面的天然油脂膜相结合，加强皮肤弱酸性，保护皮肤免受外界污染的侵害。而晚霜属于深层保养品，其功能侧重点是“修护和滋养”，补给皮肤所需的能量和营养元素。由于皮肤在夜晚的吸收能力比白天强，所以，晚霜的质地极易被皮肤吸收至深层组织，其营养成分也要比日霜丰富得多。

由此可见，日霜和晚霜是各自分工的。如果白天搽晚霜，不仅使肌肤失去了防护“外套”，而且油性皮肤、混合性皮肤的MM（美眉）在夏天使用的话，会加重原本就代谢旺盛的皮肤的负担。晚霜丰富的营养成分皮肤吸收不了，反而造成毛孔堵塞、粉刺和青春痘。反之，晚上若是使用日霜，经过一整天能量消耗和疲劳受损的皮肤细胞得不到足够的营养补给和修护，再加上日霜的成分停留于皮肤表面，阻碍睡眠时新陈代谢所产生的废物的顺利排出，长期下去，皮肤很快就出现暗陈、细纹、未老先衰等问题。

目前，化妆品中还有很多面霜，并没有指明白天专用还是晚上专用，但是美白、滋养、活肤、抗皱等类型的面霜都应视为晚上使用的面霜。只有具有保湿功能的面霜才可以早晚使用。

误区80：涂抹护肤霜的方法就是将面霜大面积地涂在脸上

☑紧急纠错

很多人习惯将面霜直接涂在脸上，然后用手打圈的方法均匀涂满全脸。然而这样的手法对于面霜却不是最适合的。想要让皮肤更好地吸收富有滋润成分的产品，需要有步骤地在面部扩展。应先用专用的小勺舀出适量的面霜置于掌心，左右手合十将面霜均匀地分开于两掌心中。顺着毛孔打开的方向，由下至上的推进方式是非常有效的。先把面霜点在下巴、两颊、额头和鼻尖，然后从下巴开始以打圈的方式缓缓上移，经过鼻子到额头，再从嘴角两边向上将脸颊上的面霜也涂开。对于舒缓香型的产品，这种方法能让嗅觉灵敏的鼻子最先享受到芬芳的抚慰。

误区81：洗脸只需用手掌在脸上揉搓几下，洗净就好

☑紧急纠错

手掌在脸上揉搓几下洗净，这就是你每天洗脸的手法？你可知道，你每天都在重复错误的洗脸方式！

首先，手掌的操作表面和力道都不适合女性细致的面部肌肤。美容专家指出，中指和无名指是女性的美容手指，无论是洗脸、面部按摩，还是涂抹护肤品，都应该用这两个手指来操作。其次，用洗面奶洗脸时，手指轻揉的方向并不是

毫无规律的，应该是顺着毛孔打开的方向揉，即两颊由下往上轻轻按摩，从下巴揉到耳根，两鼻翼处由里向外，从眉心到鼻梁，额头从中部向两侧按摩，只有这样才能够将毛孔里的脏东西揉出来，并起到提升脸部的作用。否则，不正确的手法不但清洁不干净，还会揉出皱纹，加快面部肌肤松弛。

误区82：为了加强肌肤保养，每天涂N层护肤品在脸上

紧急纠错

你计算过每天往脸上涂抹多少种护肤品吗？很多 MM（美眉）在护肤产品上投资不菲，除了每日必需的乳液、精华素、面霜和防晒霜外，商场上诱人的各种护肤系列产品也不愿错过。从滋养化妆水、控油平衡露、保湿乳、焕彩精华、美白霜到防晒霜，每天涂在脸上的护肤产品不下 6 层！但是，并不是给肌肤补给的护肤产品越多，肌肤就越好，太多的营养反而会加重肌肤吸收的负担。例如，皮肤细薄的 MM（美眉）若使用过多美白、滋润、抗过敏等保养品之后，反而易造成干燥、紧绷、脱皮、毛细血管扩张等肌肤问题。那么，每天往脸上涂多少护肤品才合理呢？

首先，要遵循年龄的规则。越年轻的 MM（美眉），使用的护肤产品越要简单，除了因青春期开始大量分泌激素，而引起皮脂腺激素活跃造成的青春痘需要特殊护理外，只需要每天做好皮肤的清洁工作，以控油、保湿为主，保持肌肤水油平衡即可，不需要任何深层营养成分的滋养，以免取代皮肤的自我修护能力。其次，要根据自己的皮肤性质选择适合的护肤品。油性、敏感性皮肤应尽量减轻肌肤负担，而干性、非敏感性缺水皮肤则可适当给予保湿、滋润等营养。最后，要留意肌肤吸收护肤品的时间。两种护肤产品之间至少要隔 3—5 分钟，以便让皮肤更好地将护肤品里的成分内化再吸收。如果你早晨起来没有太多的时间做保养，清洁后涂 3 层护肤品（控油产品、保湿产品、防

晒产品）即可，太多层的保养品只会让肌肤消化不良，呼吸不畅，导致过度保养误伤皮肤。

误区83：一套护肤品通吃四季

☑ 紧急纠错

你是否一年四季都用相同的护肤品？季节变换，你是否想过给你的肌肤也换换季？换季不换护肤品，小心肌肤闹情绪！

气候的变化也会使肌肤发生变化，如果护肤品一成不变，肌肤可能会像你闹情绪一样，产生季节性肌肤问题。所以，除了基本的清洁、卸妆、防晒方式可以从一而终外，不同的季节对肌肤的保养应该也有不同的侧重点。比如春夏季气候温热湿润，肌肤油脂分泌增加，容易滋生细菌，所以应以控油＋保湿＋抗过敏为主，选用的护肤品尽量清爽、不厚重。而秋冬季节气候干燥，肌肤水分流失比较快，因此要以补水＋保湿＋滋养为主，建议选用营养成分较高的护肤品。给肌肤进补，是十分必要的哦！

误区84：年龄越来越大，肌肤越来越干，控油就不再需要

☑ 紧急纠错

油脂问题常常被认为是油性肌肤的专有问题。其实，很多 25 岁以上的女性，都会有“T”型区出油、生理期油脂过剩、压力下泛油等问题。这些问题解决不好，痤疮、毛孔粗大、肤质粗糙、面色暗沉等一系列问题都会不请自来。更有数据表明，亚洲女性的肌肤问题 60% 以上都与油脂分泌失衡、新陈代谢失衡有关。

控油不再是简单的减少油脂分泌量的问题，改善油脂质量同样重要。

误区85：想要肌肤光泽透亮，那就经常去角质吧

紧急纠错

谁不想让自己的面孔看起来如细瓷美玉般光洁细腻？怎么能任由角质层日益增多令肌肤变得粗糙、暗沉呢？根据玉器越打磨越光洁的原理，不少 MM（美眉）视角质层如大敌，经常使用磨砂洁面类产品去角质，甚至去角质后又做深层清洁，这样真是太伤害肌肤了，会让肌肤变得越来越薄，越来越脆弱。

如果你了解角质对肌肤的重要作用，就应该善待它。角质层像肌肤的防护衣，可以有效抵挡一些微生物与细菌的入侵以及风吹日晒等外界刺激。老化的角质（即死皮）需要定期剥去以保持肌肤的光滑，但频繁去角质，会让脆弱的真皮层暴露在外，失去保护层的皮肤很容易受感染导致过敏、老化。磨砂洁面乳、去角质柔肤水和深层洁净面膜等产品都具有去角质、去油脂的作用，同一天内使用等于重复去除角质的步骤，对娇嫩的肌肤来说，是很受伤的。这样会让干性肌肤更加干燥，敏感性肌肤则更易引发炎症。

护肤专家的建议是，年轻肌肤一般一个月做 1—2 次去角质就足够了。而且去除多余角质后，建议用保湿面膜为皮肤补充水分，最后涂抹温和的乳液滋养肌肤。

误区86：秋冬季使用甘油，为肌肤加强保湿

紧急纠错

秋冬季使用甘油保湿，事实上，效果并不佳，皮肤更易干燥。

甘油是最常见的保湿剂，许多保湿类护肤品都少不了甘油成分，较适合年轻肌肤使用。因为甘油具有吸水作用，保湿护肤品常常用它吸附空气中的水分，令其覆盖的皮肤角质层时刻保持皮肤湿润。甘油的这一特质也导致了它的保湿效果受到空气湿度的影响，湿度较低的季节，例如干冷多风的秋冬季，单纯使用甘油产品，保湿效果就会较差。因为它在干燥的空气中吸收不到足够的水分，就会从肌肤真皮中吸取水分，令皮肤更加干燥，甚至脱水。所以，在秋季使用甘油后应再搽上偏油性的霜类，才能加强保湿效果。

误区87：喷保湿喷雾后，不需要涂抹面霜

☑ 紧急纠错

喷保湿喷雾后不及时锁水，就会令肌肤水分蒸发。

长期待在空调房里对着电脑屏幕，皮肤容易干燥、紧绷，相信每位爱美的MM（美眉）手边都会备有一罐保湿喷雾，时常往脸上喷一喷，脸顿时就像蒙上一层朝露的鲜桃，别提多水润欲滴！可是水珠拍干后，如果不及时涂上具有锁水作用的面霜，会发现肌肤更干燥。保湿喷雾虽然号称保湿，但它属于水质保养品，主要作用是补水，而能够保湿的必须是油质护肤品。

补水和保湿是两个概念。补水是为肌肤补充水分，但水分子只能留在肌肤表层，空气蒸发很容易将肌肤中的水分带走，使皮肤更“口渴”。保湿则是将肌肤内的水分锁住，不让补充的水分再次流失掉。因此，保湿的步骤比补水更重要。正确使用保湿喷雾的方法是：喷头离脸部 15—30 厘米，由下往上均匀喷射，几秒钟后用面纸轻轻按干，最后涂上保湿面霜。或者把净面纸蒙在脸上，隔着面纸喷射，湿敷几分钟后，趁微湿时涂上保湿面霜。

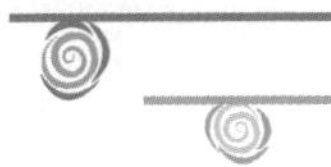

误区88：仅靠“胶”状护肤品来做保湿护理

紧急纠错

果胶、凝胶、啫喱之类的胶状保湿保养品可以说是眼下最受MM（美眉）们欢迎的当红“小生”。它们比水质产品黏稠，又比乳霜质产品更清爽，涂上后像是敷了一层水膜，水润舒适。但是，想仅靠这些胶状护肤品来保湿，你恐怕要大失所望了，因为号称“深层补水”的胶状护肤品含量最大的成分就是水分。根据“油包水”的原理，只有含一定油脂的乳霜状保养品，才能将水分有效地锁在肌肤中。而且，胶状护肤品只能将水分留在表层，所以刚使用后的效果很好，但水分很快就会流失，根本起不到什么补水、保湿效果。事实上，胶状护肤品最棒的效果是镇静、修护，因此常见于修护产品，不过使用后还是需要乳霜产品来留住水分、补给营养。

误区89：泡沫洁面乳的泡泡越多，洁净力就越好

紧急纠错

有些MM（美眉）喜欢泡沫多的洁面产品，总感觉泡沫越丰富，其清洁力就会越好。事实上并非如此，评价一个清洁类产品需要从洁净度、温和度、起泡度及保湿度来看。从理论上来讲，保湿度与洁净度、起泡度是成反比的。泡沫丰富的洗面奶往往比无泡沫的洗面奶中含有更多的界面活性剂，清洁能力更强，但也容易让皮肤表层水脂膜、细胞间脂质等正常含脂类成分的结构受到不同程度的影响，皮肤正常的保湿功能也易受到影响。

误区90：别人用了有效的去痘产品，我用了也有效

紧急纠错

长痘痘了，怎么办？对着镜子照来照去，你是否头疼不已？痘痘既难看又令人难受，挤掉它会留下暗沉的印记，不管它又会越长越大，甚至流黄水、冒白尖。痘痘是让MM（美眉）们最闹心的大敌。如何打倒痘痘，重新恢复白净的面容？很多长痘的MM（美眉）都会买朋友介绍或推荐的产品。其实，适合你朋友的产品，未必适合你。痘痘的成因和症状不同，共分为9种类型。而不同类型的痘痘，需要用不同的去除方法。因此建议JMS（姐妹们）在选择产品前，一定要先确认一下自己痘痘的类型，然后再选择适合自己的去痘产品。

误区91：每次卸妆时，总是用纸巾直接抹去残留的唇膏

紧急纠错

直接用纸巾抹去唇膏对嘴唇的刺激过于强烈。过于刺激的动作会破坏唇下皮肤的毛细血管，令唇色改变，严重的甚至会引发炎症。其实，同面部其他部位一样，娇嫩的唇部肌肤也需要专用的卸妆品，并且在卸妆时，记得先进行眼部、唇部的局部卸妆。取适量眼部或唇部卸妆液于化妆棉上，轻轻涂抹，让唇膏浮离嘴唇，再用化妆棉或纸巾擦拭干净或用清水洗净。需要注意的是：水油分离状的卸妆液，用之前要均匀地摇晃一下，方可使用。

误区92：洗脸之后，油性肌肤可以不用涂乳液

紧急纠错

要清爽不要油腻。每次洗完脸涂上乳液，都感觉有点黏黏的，这让一些油性肌肤的MM（美眉）们有些心理障碍，因此，洗脸之后干脆就不涂乳液了。这样做并不能改善肌肤的出油问题，反而会令皮肤出油的地方更油，干燥的地方更干燥。为什么呢？因为洁肤、爽肤后，肌肤表层充满水分，角质层特别柔软。如果此时不马上使用乳液，将水分牢牢地锁在皮肤里，水分很容易就蒸发掉，以至于干性肌肤更缺水，油性肌肤就会发出补油的指令，使皮脂分泌更旺盛。

品质良好的乳液应该滋润而不油腻，水油平衡乳液特别适合油性和“T”型部位易出油的MM（美眉），能够有效改善水分和皮脂分布不均匀导致的肌肤问题。秋冬季节，保湿乳液是不能省的。只有留住水分，保湿效果才会好。

误区93：绿茶有抗氧化、抗自由基的有效成分，所以天天用绿茶水洗脸

紧急纠错

闺密间流传：用绿茶洗脸、洗澡，可减少皮肤病的发生，而且还可以使皮肤光泽、滑润、柔软！绿茶中含有的茶多酚是公认的抗氧化、抗自由基的有效成分，于是不少MM（美眉）自作聪明地自创了用绿茶水洗脸的美容新招。清爽的绿茶水真能像你所期望的那样洗出年轻白皙的肌肤吗？

首先，绿茶的美容效果并不明显，就算是天王级的美容成分，都很难在不到3分钟的时间内被肌肤吸收并发挥作用。其次，茶中除了富含茶多酚，还富

含鞣酸和单宁酸，这些酸性物质多少会刺激细嫩的肌肤。MM（美眉）们必须建立正确的清洁观念，洗脸就是单纯的清洁过程，任何通过洗脸产生附加美容效果的念头都是想当然，有时反而会弄巧成拙。

误区94：用热水洗脸，能溶解皮肤中的油脂污垢

☑ 紧急纠错

这样的提法不科学，相反，用热水洗脸会降低皮肤弹性，产生皱纹。人的面部在冷空气刺激下，汗腺和毛细血管都呈收缩状态，当遇上热水时会迅速扩张，但热量散发后，就会恢复低温时的状态。毛细血管这样一张一缩，容易使人感觉面部皮肤紧绷、干燥，还会使皮肤产生皱纹。因此冬天尽量用冷水或温水洗脸，对促进皮肤吸收水分、增进皮肤的弹性和光泽、提高皮肤抵抗力都有良好效果。

误区95：精华素当作面霜使用，给肌肤补足营养

☑ 紧急纠错

精华素当作面霜使用，当心肌肤营养过剩。

提起精华素，别看都是不超过 30ml 的小瓶装，却是护肤品中价格最昂贵的一员。由于精华素的活性成分深度最高，分子小，传输系统强大，因此容易渗入肌肤深层，起到针对性的调理作用。于是，不少 MM（美眉）把精华素视为最有效、最滋养的美容圣品，甚至其他护肤品都不用，只用精华素。

作为高营养和强功效的护肤品，精华素就像补品，需要与其他基础护肤品

配合使用才能发挥最佳效果。例如，精华素要在涂抹爽肤水后使用。因为爽肤水能够帮助皮肤形成皮脂膜，从而有效吸收水分，令精华素的营养成分直接进入皮肤深层，让皮肤的柔软性、弹性更好。另外，精华素虽然比面霜更有营养，却难以承载足够的油性活肤成分（如维生素E、油溶性氨基酸、不饱和脂肪酸等），所以要想获得这些活肤成分还需要从面霜中获取。而且面霜还能锁住肌肤水分，不让精华素的活性成分流失。如果经常把浓缩型的精华素当成滋养面霜用，皮肤就会变得越来越干。所以，选用精华素还要学会合理使用。

误区96：洁面后直接使用精华素

紧急纠错

说到皮肤护理中最重要的产品，当然要属精华素了。也许是因为这样，各个品牌竞相推出高价精华素。甚至出现了1ml价值人民币80元以上的天价精华素。如果你有使用精华素的习惯，还是建议在涂抹完爽肤水或柔肤水后使用。因为精华素是高营养的护肤品，如果洁面不彻底，反而营养了细菌。而爽肤水具有二次清洁的作用，能保证没有污垢残留。涂抹柔肤水可以帮助皮肤形成一层皮脂膜，从而有效地柔化角质，辅助肌肤吸收精华素的营养，令精华素的养分更充分更直接地进入皮肤深层，令皮肤加倍柔软、光滑，富有弹性。

精华素的正确使用手法：用过爽肤水后，分别在额头、两侧脸颊、鼻梁T字区和下颌5个部位点上精华素，然后依次在各个部位顺时针打圈轻柔按摩，直到养分被充分吸收。这样能有效避免因护肤手法不正确，而产生不规则皱纹。

误区97：喜欢不断追赶新科技护肤品

紧急纠错

大多数女性很容易产生购物冲动。化妆品柜台又有新品促销活动啦！某知名品牌又推出新系列啦！护肤新品牌连续广告轰炸！面对商家充满诱惑力的宣传与销售手段，喜新厌旧的MM（美眉）们一定会按捺不住，购买回一堆从没试用过，甚至并不需要的护肤品。

MM（美眉）们可要注意了，事实上，肌肤适应不了你的善变。

当然，如果觉得之前使用过的产品不好，试用及更换新产品情有可原。但是，即使正在使用的护肤品很适合自己，很多MM（美眉）还是会抱着“也许下一个会更好”的尝鲜心理，不断地更换新产品。常常会听到喜新厌旧的MM（美眉）们抱怨：“我用过好多产品了，怎么就没一个适合我的？”而且，发觉皮肤不但没有改善，反而问题越来越多。因为，各品牌的成分和各成分的含量不同，皮肤吸收营养需要一个适应的过程，经常变换品牌，而这些品牌大相径庭，肌肤很可能适应不了你如此的善变。

选择护肤品时一定要记住：适合自己的才是最好的！一开始你也许不知道哪种最适合自己，那么先对自己的皮肤做个测试，只有了解自己的肤质才能确定自己需要什么。在选购产品时，如果有试用装，要先用试用装，不要盲目跟风，也不要以为昂贵的名牌就是好的。如果使用过程中，你的肌肤对某个品牌的主打产品有不良反应，应立即停止使用，最好这个品牌的其他产品也一并放弃，重新选择品牌。一旦找到适合自己肌肤的品牌，最好长期使用，等肌肤随年龄、季节、环境发生变化后再相应增加或更换。

误区98：涂抹护肤品没有先后次序

☑ 紧急纠错

如果不按照先后次序涂抹护肤品，会令护肤效果打折。

相信每一位爱美女生的化妆镜前都摆满了各种各样的水、乳、露、霜等护肤品，每天一层层地将它们往脸上涂抹。可又有几个人知道涂抹时谁先谁后？怕麻烦的 MM（美眉）们肯定会问："先涂什么，后抹什么，有什么关系？涂在脸上，营养都会被皮肤吸收。"错了！护肤品的涂抹顺序是很有讲究的，程序错乱会直接影响保养效果。例如，精华素的活性成分最高，分子小，容易渗透深层肌肤，起到有针对性的调理和修护的作用。而面霜的质地一般较为厚重、滋润，涂过面霜后，肌肤就很难再吸收其他护肤品的营养成分，所以精华素一定要在面霜之前使用。

正确的护肤顺序应该是，按照护肤品的分子大小结构，最先使用的是分子最小的水质护肤品，接着是精华素，然后再涂乳液、面霜等。

误区99：面霜可以代替眼霜使用

☑ 紧急纠错

用面霜代替眼霜，胡乱使用只会适得其反。

无论年纪大小，都不能忽视眼部肌肤的保养和护理。现代生活节奏紧张，使得眼部肌肤开始衰老的年龄有逐渐提前的趋势。因此，在眼部衰老之前就应做好护理工作，护理眼部肌肤使用眼霜最合适。可是，一小瓶眼霜就要好几百元呢！囊中羞涩的 MM（美眉）们经常会安慰自己，现在还年轻，每天用好的面霜顺便涂涂眼睛周围当眼霜用不是也一样嘛。当然不一样！眼睛周围的皮肤是脸部最敏感、薄弱的，眼部护肤产品必须要通过对眼部皮肤的简单测试之后才能放心使用。而根据不同的肤质，面霜既可能比眼霜更薄，也可能更厚重。前者对眼睛周围皮肤问题毫无帮助，后者则可能导致眼睛周围皮肤毛孔堵塞而形成油脂粒。另外，有些面霜成分中添加了少量香料和化学成分，容易刺激眼睛，引发过敏症状。

其实，优质眼霜对眼睛周围皮肤的延展性和滋润度的辅助效果都比较好，因此每次只需要绿豆粒大小左右的用量就足够了。这样算来，一支 15ml 的眼霜即使每天使用也能用上半年，相信还是能被大多数 MM（美眉）接受的。

误区100：用画圈按摩法涂抹眼霜

☑ 紧急纠错

人们都说 25 岁的女人开始进入衰老期，女人的身体机能开始走下坡路，而眼部的肌肤属于非常脆弱的部分，所以一定要特别注意眼部的护理方法，尤其要提防眼尾纹和黑眼圈的产生。

很多 MM（美眉）涂抹眼霜就像做眼保健操一般，以为画圈按摩法能够使眼霜中的营养成分更好地被肌肤吸收。其实这是十分错误的方法！要知道，眼部肌肤的厚度只有面部肌肤的 1/5，而画圈按摩时的力量对娇嫩的眼睛周围肌肤而言是一种负担，过多的压迫感甚至会影响眼睛周围正常的血液循环，间接造成黑眼圈，并且无论朝哪一个方向画圈按摩都会扯动皮肤，导致眼部皮肤松弛，进而导致细纹更加明显。

正确涂眼霜的方法是：用无名指尖蘸取适量眼霜均匀点于眼睛周围皮肤上，然后用指腹由内眼角、上眼皮、眼尾至下眼皮做顺时针缓慢、轻柔的点弹动作，直至眼霜被肌肤完全吸收。

误区101：控油就是减少油脂分泌

☑ 紧急纠错

夏天一到，控油成了护肤一大重要问题。坊间流传着的无数控油秘方都好用吗？其实，很多时候，我们的生活中遍布许多“控油”误区，那些曾经被我们奉为“护肤圣经”的经验，才是令我们“油田”旺盛的罪魁祸首。那么应当如何成功控油呢？

首先，挑选使用无油脂产品。挑选一套适合自己肤质的乳液状或啫喱状的清爽型控油系列产品，在去油光的同时，又迅速为皮脂膜补充大量水分，尽快达到“清爽滋润不油腻”的效果，使肌肤在去除污垢和多余油脂的同时能全面调控肌肤自身油脂及水分，有效防止水分流失，锁住肌肤水分，抑制油脂分泌。

其次，T字部位重点控油。T字部位油脂腺多，油脂分泌旺盛，是油垢的重灾区。清洁时的重点在额头、两侧鼻翼和下巴部位。如果洗完脸后，仍感觉T字区多油且黑头比较严重的朋友，可以将珍珠粉调成膏状在T字区按摩。珍珠粉有很好的控油去痘效果，当然珍珠粉要选细的，越细越好，还要选正规厂家的产品。

误区102：阻挡肌肤底层黑色素生成就能成功美白

☑ 紧急纠错

很多MM（美眉）认为角质层囤积的“黑势力”会影响美白成效，但是要想皮肤净亮、透白，只是一味地抑制黑色素母细胞生成是不够的！因为部分在大量紫外线刺激下急速生成的黑色素，如果无法顺利被肌肤代谢排出，就会在表皮角质层形成一股“黑势力”。最新研究发现，应该以去角质或含酸类复合物的焕肤组合来清除老废的表皮物质。同时选用美白系列卸妆、洁颜产品，这也是每天替肌肤温和“扫黑”的关键一步。

误区103：医学焕肤疗程才能从根本上美白肌肤

紧急纠错

不可否认医学美白疗程的速效，但这种方式并不一定适合每个人的需求与肤质状况。尽管焕肤效果明显，但肌肤却要承受刺激、发红、脱皮等损害。女明星热衷的美白点滴注射能快速亮白，但时效短暂又耗钱，还得担心用多或使用不当产生的心血管硬化副作用。医疗美白有危害吗？这恐怕是大家咨询最多的问题。某医疗美容机构专家指出，美白医疗需要针对个体而定，一定要到正规医疗美容机构去，安全与效果才有保证。如果还是不放心医疗美白的安全性，不妨将居家型医学美白保养品纳入考虑范围。低刺激的高科技居家亮白产品也能满足净白渴望。

误区104：美白只需用美白品，无须用防晒品

紧急纠错

不少MM（美眉）在美白上费尽心思，最终还是没能拥有白皙、水润的肌肤。其实，聪明的女人就算很懒也能变美，因为她们懂得利用最佳的保养方法。买来的美白保养品在使用前期看来颇有效果，然而时间一长，皮肤似乎又恢复原状了。这个问题的产生，最大可能是因为只努力美白而忽略了防晒。日晒是造成美白无效的元凶，肌肤持续受到阳光紫外线刺激，当然前功尽弃。因此，抗氧化、防晒

得齐头并进。

误区105：美白产品浓度越高，效果越好

紧急纠错

高浓度的美白保养品带给我们的冲击力不仅仅是使用效果上的。许多从来不看美白保养品配方的使用者更会迷惑：浓度的极限在哪里？一味地追求高浓度，若无法被肌肤吸收发挥深层作用，效果同样大打折扣，甚至还要面临可能的刺激伤害。很多 MM（美眉）都在抱怨用了美白保养品却不见成效。新趋势是用与细胞构造相近的载体包裹配方，适量浓度就能被肌肤轻易接受，在深层发挥作用。高浓度护肤产品适合 25 岁以上女性的肌肤，过早地使用某些高浓度配方，一方面可能让肌肤不堪重负，出现各种肌肤问题；另一方面会对以后各个年龄段的护肤品选择造成挑战。

误区106：一心追求美白快速见效

紧急纠错

速效美白能满足短时间成为白雪公主的愿望，尤其适合没耐心、期望值高，或需要出席重要场合的人，但同时还要面临可能的肌肤刺激风险。假如只想适度、不着痕迹地提升全脸净白度，温和植物性配方的渐进式美白会是个好选择。精华液应在化妆水之后使用。目前精华液大多含有维生素 C、曲酸、维生素 B_3 等成分，不但有美白、修护的功能，还可以滋养肌肤。如果选对了适合肌肤的精华液，通常在 4—8 周后就可以看到美白的效果。除了做好日常的美白功课，白天的防晒也是非常重要的，所以隔离和防晒产品我们一个都不能少。在常规的美白护理后使用防晒霜，可减轻紫外线对肌肤的伤害，减少黑色素的聚集。而隔离霜在防晒霜之后使用，可以抵御冷气与风吹等外部刺激。

误区107：美白产品能淡斑

☑ 紧急纠错

祛斑方法有很多种，也许你一直在尝试，但是效果始终不明显。也许你不小心走入了祛斑误区，而自身还浑然不觉。想要淡斑的 MM（美眉）需要区分淡斑和美白的不同：美白保养着重于追求肤色的均匀与白皙，可以说是消极地以抑制的方式拦截形成中的黑色素，或以补充角质水分促进细胞更新，引导表皮细胞脱落的方式代谢黑色素，从而打造出透亮匀白的肤色。然而对于“黑斑”——麦拉宁黑色素日积月累的肌肤问题，如果只是全脸使用美白保养品，整体肤色变白，斑点也只是相对变淡，实际与脸部肌肤的色差并没有改善。因此，对斑点的护理，必须对症下药，进行局部消斑处理。一般美白保养品多是针对全脸分布的麦拉宁黑色素设计的，但斑点是由数个黑色素母细胞囤积而成，得加倍努力才能改善。高浓度配方加去角质效能，涂抹才能有效。深度密集的斑点只有用更强效的淡斑专用品才能见效。

误区108：我是美白控，有美白产品绝不错过

☑ 紧急纠错

美白专家说，经常看到抱着一堆保养品上门求助的人，她们根本搞不清自

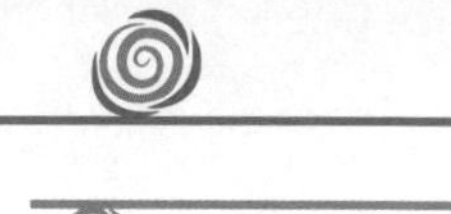

己该用哪一种。现今的美白广告又一窝蜂宣传“能够截断黑色素生成最有效路径”，各种美白产品搭着用，是否会造成反效果，都无从得知。建议大家先多看看美白产品说明，明确美白产品宣传的对付黑色素的方式是否符合自我需求。切记，每种拦截黑色素生成的路径都各有所长，谁最能接近问题核心或符合你的肌肤状况，要仔细筛选和考量，绝对不是条条皆可行。

误区109：美白精华液+美白乳液，双层美白更有效

☑ 紧急纠错

对一般皮肤而言，美白精华液或美白乳液只需选用一种就足以应付保养需求。但若持续使用而视觉效果不明显，得慎重考量肌肤是否需要更多类型的调理。虽然终极目标都是美白，但日间因要外出，得加强保湿打底、防御抗氧化。尽管夜间无阳光刺激，也该趁身体休息时使用浓度较高、润泽感较强的修护性美白产品，以清除白天累积产生的黑色素。若预算允许，多添夜间美白品，分工合作的确效果更好。尤其对熟龄或受损干燥肌肤而言，夜间养护更重要。

误区110：搽美白防晒粉底，就不怕晒太阳

☑ 紧急纠错

你以为只要标示了防晒系数就代表安全，却未发现该产品实际是以底妆为主，防晒只是附加的，且凝于粉体，防御力通常比标示的稍低，建议懒美人将其作中午补妆顺便补防晒用。不过早上出门上妆前，还是应该使用专门的防晒品。皮肤科医师也提醒，隔离只是个广告说辞，唯有明确添加防晒系数的，才

具备防御紫外线效果。同时，随着消费者要求变高，高机能防晒品日益突出，添加美白成分配方还要有调正肤色的功效，预防、调理同时并进。

误区111：狂涂眼霜，就能消除黑眼圈

紧急纠错

随着年龄的增长，忽然有一天发现镜中自己的眼窝底部有一小块青色阴影，像半圆形的小水沟——黑眼圈出现了。

黑眼圈的形成与以下因素有关：

遗传体质及生理构造。当眼眶周围的皮肤特别薄，皮下组织又特别少时，血流经过此处的大静脉，在特别接近皮肤表层的下方便会出现蓝黑色的眼晕，即黑眼圈。

睡眠不足，疲劳过度，眼睑得不到休息，处于紧张收缩状态，该部位的血流量长时间增加，引起眼圈皮下组织血管充盈，从而导致眼圈瘀血，滞留下黯黑的阴影；肾气亏损，使两眼缺少精气的滋润，导致黑色浮于上，因此眼圈发黑；久病体弱或大病初愈的人，由于眼周围皮下组织薄弱，皮肤易发生色素沉积，并极易显露在上下眼睑处，出现一层黑圈；女性子宫出血，原发性痛经，月经提前、错后，经期过长，经量过大，怀孕末期，年纪大等情形时，黑眼圈也会日渐加深。

其他还包括遗传、化妆品使用过度，使得色素颗粒渗透。此外，房事过度也会导致黑眼圈的产生。

黑眼圈形成后应对症下药，请教医生，找出病因，及时治疗。因鼻子过敏或眼睛周围血液不良造成的黑眼圈，只有选择有促进代谢循环配方的眼霜才有效。因长期卸妆、化妆不当或防晒不力造成肌肤发炎引发黑色素产生的黑眼圈，则适合用美白系列的眼部保养品来对症改善。

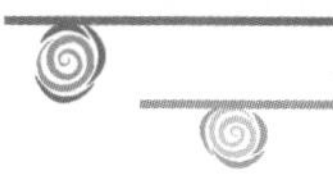

误区112：用化妆棉涂抹卸妆油

☑ 紧急纠错

用化妆棉涂抹卸妆油不仅会在无意中加大卸妆油的用量，浪费卸妆油，还容易因为力气太大，反复涂抹太多、太久，对脸部肌肤造成损伤。切记，双手才是卸妆最好的工具。但是不可一边卸妆一边按摩，免得将好不容易浮出的化妆品又塞回毛孔中。卸妆最关键的部位是眼、唇这两处特别敏感、易受伤的部位，选用的卸妆产品成分要温和。眼部卸妆产品太刺激，容易引起眼部周围肌肤过敏、发炎。选好适合自己皮肤的产品后，在卸妆时，轻柔地按摩眼部四周，千万不要用力拉扯，也要避免将油揉进眼睛里。画眼线、上睫毛膏的人可以用棉花棒蘸取少量卸妆油，仔细清理干净。如果你习惯用“眼唇专用”卸妆产品，最好有保护措施。每次上妆之前，先在眼、唇四周搽一点乳液，这样可以减少彩妆及卸妆产品对皮肤的刺激。至于卸妆是否卸干净了，要靠自己的感觉。

误区113：用干的面纸直接将卸妆油擦拭掉就可以

☑ 紧急纠错

很多 MM（美眉）也许都会有这样的困扰：经常发现卸妆后眼睛周围的皮肤又干又皱，时不时还会过敏。其实，真正的原因是卸妆方法有问题。卸妆油很重要的一步是，要乳化之后才能发挥功效，如果把卸妆油涂在脸上按摩后直接用纸巾擦掉，或者直接用大量清水冲洗，卸妆油没有彻底乳化并不能完全卸妆，残留的物质可能会导致毛孔堵塞而引发痘痘。最好在用卸妆油按摩之后，在掌心加水于脸上按摩，让卸妆油中的乳化剂遇水发挥出最大的功效，以达到最佳的卸妆效果。

误区114：卸妆油未能充分溶解彩妆就用水冲掉

☑ 紧急纠错

美女与丑女的差别就在卸妆和洗脸，洗脸与卸妆清洁工作的得当与否决定了皮肤保养得好不好。在使用卸妆油的时候，一定要注意，双手和脸部需要保持干燥，将适量的卸妆油以鼻子为中心，向两边、额头以及下巴涂抹。在需要卸妆的部位用指腹以画圈的动作溶解彩妆及污垢。大约 1 分钟后，用手蘸取少量的水，将卸妆油乳化变白后，用打圈的手法轻轻地按摩约 30 秒，再用大量的清水将卸妆油打至起泡后冲洗干净。在卸妆十分认真的前提下，是不是可以省去洁面步骤？当然不行！卸妆油是专为去除脸上的油性污垢所设计的，因此可轻易去除粉底和彩妆部分。而洗面奶是用于去除汗液、灰垢、尘埃等污垢的，两者目的不同，所以“卸妆 + 洗脸”双管齐下时效果最佳。不过，若使用的是卸妆洗脸双重功效的产品，那就没问题了。

误区115：高纯度美容原液，可以立即改善肌肤问题

☑ 紧急纠错

美容原液的真谛应该是高浓度、纯质、低防腐、无添加、无杂质。大家容易走入一个误区，主观臆断为美容原液就应当是 100% 纯度。就跟我们喝的果汁一样，百分百的果汁也是用浓缩汁加水加白糖兑制而成的，美容原液只是一种广告术语，利用了女性急切爱美的心理。当我们拿到一瓶美容原液，其实很有可能是 1∶99 的比例。不过不要咒骂商家黑心，其实如果提高浓度，有些原料是不会在水中溶解的，所以大家要了解到美容原液是一瓶只含一种成分的稀释液，或者说美容原液其实就是一种成分单一的护肤品。目前，市面上也出现

了复合型的原液，其实就是“1+1=2”的原理。

美容原液最好在洗完脸之后就直接使用，吸收效果会更好，还可以抹上原液后在半干状态下敷上面膜，更有保湿效果。不过原液是一种单一的保养品，不分年龄段、肤质，如果想得到更多的呵护，还是去买配方产品吧。

使用任何一种护肤品都是一个循序渐进的保养过程，美容原液只是一种辅助工具，皮肤的好坏还是要大家自己在平常多加注意和保护。

误区116：敷面膜或去角质可以解决成人痘

☑ 紧急纠错

成人痘的产生原因有很多，特别是生存在这个压力大、节奏快的社会中，难免会引起睡眠不足、内分泌失调等问题。抑或是由于肌肤本身的油脂分泌旺盛，似乎各种肤质都无法抵挡成人痘痘的侵袭。

首先应该定期去角质，因为角质过厚是成人痘产生的原因之一，必须适当地加强清洁和保湿，使被阻塞的毛孔变得柔软。不过不能太过频繁，一周一次即可。

其次，生活压力大也是成人痘产生原因之一，因为厌烦、紧张、心情不好时，体内激素的分泌就会紊乱，肌肤的循环机制也会被打乱，导致免疫力下降，从而肌肤对细菌的抵抗力也会变弱。所以，适当地进行一些体育锻炼以及户外活动等，可以一定程度地减轻生活压力。

最后，肌肤的干燥化也是成人痘的形成原因之一。因为肌肤水分不足，过于干燥，为了润泽肌肤，反而会分泌过多的油脂，容易产生痘痘。

毛囊里的油脂和角质往往盘根错节地纠结在一起，即使溶解了油脂或是去掉了表面的角质，从皮脂腺分泌出来的油脂很快又和毛囊内深层的角质不可分家，从而使成人痘再度形成。成人痘的形成有多种原因，所以并不能使用单一的方法来解决，应当有针对性地慢慢调治。

误区117：标有“精华”字样，就一定是精华素

☑ 紧急纠错

事实上，标有“精华”字样的并非就是精华素。精华素根据质地不同，可分为精华液、精华露、精华素胶囊等种类，但绝不意味着带“精华”二字的产品都是精华素。如果不想买回鱼目混珠的“山寨版精华素”，购买时一定要问清产品中到底有什么精华成分，还要对比同系列产品中精华成分的含量，只有成分精纯，具有密集、快速改善能力的产品才是你想要的精华类产品。真正好的精华素是油而不腻的，而且不同形态的精华素适合不同性质的肌肤。如果你是干性皮肤，应选用保湿成分、油性较高的精华素，这类精华素用后能在皮肤表层形成一道保护性的油膜，防止水分蒸发；中性肤质的人可以涂抹一些自身需要的精华素，如美白、去痘、除皱等；油性肌肤则要选用能够紧肤、控制油脂分泌、收缩毛孔的精华素。

误区118：精华素太贵，一定要省着点用

☑ 紧急纠错

用量不足没效果，更白花了冤枉钱，

按照产品说明书上的用量，再灵活掌握一下，如果是比较油腻的精华素，易出油的“T”型区不要用太多。两颊特别干燥时可以适当增加用量，并配合拍打按摩，确保增加的用量充分被肌肤吸收。一般来说 3—6 个月用完一瓶精华素是比较合适的。另外，保湿精华素通常由浓缩的保湿成分调配而成，是深层补水的关键。而且，具有吸湿性、可以调节皮肤酸碱值、维持角质细胞正常运作的天然保湿因子，也是保湿精华中常用的成分。但需要注意的是，精华素

在皮肤表层不会留下保护膜，只能起到深度补水的作用，所以一定要使用锁水产品加强保湿效果。

误区119：各种功效精华素一起用时，不用分先后

紧急纠错

几种功效的精华素一起使用时，一定要分先后：先用质地较薄的，后用较浓稠的，或者根据精华素到达肌肤的深度顺序，依次为保湿、美白、抗皱。使用多种精华素，最好分区使用，既能满足肌肤的需要，又不会太浪费。比如，抗松弛精华素用在“U”型区，保湿精华素用在两颊，控油精华素用在“T”型区，再配合一款针对斑点的局部美白精华素。衡量精华素质量好坏的标准之一就是看渗透速度快不快。不过，精华素作为功效性很强的“补品”，并不适合年轻的肌肤天天使用。如果皮肤在某段时间出现了问题，可以添加特定功效的精华素来帮助解决问题，一旦问题解决就不需要长期使用了，否则会造成皮肤对精华素的依赖性而丧失自身的修护功能。

误区120：丢掉化妆品瓶口的薄膜，丝毫不影响产品效果

紧急纠错

化妆品瓶口的薄膜在产品的包装中有很重要的作用。

1. 对外界粉尘、水和其他物质有阻隔作用，可防止被包装物受到它们的污染和腐蚀。

2. 对空气、蒸汽和细菌的阻隔作用。既包括对外界的氧气、水蒸气和一些有害气体的阻隔，也包括防止被包装物的气体挥发。

3. 防止被包装物泄漏及对外界造成污染。

误区121：精华液直接涂于脸上进行打圈涂抹

☑ 紧急纠错

将精华液直接涂于脸上，然后再以打圈方法涂匀，这种方法不适用于含活性成分或精华类的面霜。

正确的做法是：

将适量精华液放于掌心，先用掌心搓揉；然后顺着面部淋巴排毒的方向，由鼻子中轴线向两边，将整个面部分成额头、面颊和下巴三个区域整脸涂抹；之后再用手掌顺着以上方向轻轻推开精华液，同时还可以适当按摩，以增加吸收、促进循环。

误区122：美白精华素越用肌肤越暗黄，肯定又是商家骗人的“杰作”

☑ 紧急纠错

美白精华素用得越多肌肤越暗黄，之所以造成这种情况，主要是因为美白精华素内大多含有维生素 C 或者熊果苷等感光的成分。当肌肤没有用到防晒这把保护伞时，维生素 C 和熊果苷便会和阳光发生化学反应，造成越用皮肤越黄的尴尬局面。

所以，想要充分发挥美白精华素的最佳效果，就必须做到：

1. 白天在用完美白精华素后，坚持做好防晒工作。

2. 选用美白精华素的时候应该看清楚里边的成分，避免在白天使用含感光成分的护肤品。

误区123：用精华素可以代替眼霜

紧急纠错

精华素是护肤品中价格较高的产品，过去的精华素以颗粒胶囊为主，现在各大化妆品牌几乎都推出了精华素产品，品种越来越多。精华素是用高科技萃取动物、植物或矿物质等有效成分制成的浓缩产品。精华素从低温中提炼，其活性、有效成分能够很好地保留并补充肌肤所需要的养分。它的重要功效在于防护，对于皮肤的保湿、抗皱、紧肤、养分等能起到很好的保健作用。而眼部皮肤是人体皮肤中最薄的，无法将大批高营养成分的精华素吸收，很容易在眼睛周围形成脂肪颗粒，况且眼霜的成分非常讲究，用量也有限制。因此，不要用精华素代替眼霜。

误区124：隔离霜不注意涂抹方法，随便一涂

紧急纠错

隔离霜和粉底的用法一样，在拍完水使用面霜时，要在脸上充分按摩，按摩以绕圈的方式从下巴开始移向眼角，从眼头绕到眼尾，从额头中间绕到眼尾。按

摩后手掌在脸上停留 1—2 分钟，让其充分吸收，然后再用隔离霜。先挤黄豆大小的隔离霜在手背上，用食指和中指蘸取适量拍于额头、两颊、下巴，抹开时要注意，“T”型区要“T”向抹开，“U”型区要横向抹开。涂抹时用中指和无名指由内向外轻柔地抹，由于鼻子容易油腻，因此用量越少越好，由上往下轻轻带过即可。鼻翼部分容易堆积隔离霜，应使用粉扑用按压方式涂抹。以画圈的方式来涂抹下巴、眼部下方。涂抹眼部下方时切记，从眼头往眼尾方向按压式涂抹，用中指和无名指腹轻轻按压。

误区125：隔离霜就是万能霜

☑ 紧急纠错

现在市场上的隔离霜可分为两类：一类没有修饰肤色效果，只是起隔离作用；另一类是兼有修饰肤色和隔离作用的美白隔离霜。很多人认为隔离霜只是用来隔离辐射，实际上，隔离霜的作用还有很多。大多数隔离产品的成分中含有丰富的抗氧化因子及高浓度的营养、滋润成分，如绿茶成分、精纯维生素 E 等，防止皮肤过早老化，令肌肤在面对电脑时安全而轻松。

隔离霜的主要作用：

1. 形成肌肤与彩妆间的保护屏。
2. 防晒，隔离脏空气。
3. 修容调色，缔造完美肌肤。
4. 抗辐射，延缓衰老。

经常化妆会直接导致皮肤晦暗、缺乏健康光泽、肤质松弛、滋生暗疮。在化妆前使用隔离霜就是为了给皮肤提供一个清洁温和的环境，形成一个抵御外界侵袭的“防备衣”。事实上，使用隔离霜是一个有助于化妆、保护皮肤

的重要步骤。如果不使用隔离霜而直接涂粉底，会让粉底堵住毛孔而伤害皮肤，也容易产生粉底脱落现象。选择隔离霜时，必须确认是亲水性的(即隔离霜的成分中，水的含量比油多)，这样才能将化妆品隔离并且让妆容持久。但千万别以为只要涂了隔离霜就一切OK，如果不仔细卸妆、清洁，皮肤同样会遭遇不幸。

误区126：各种颜色的隔离霜可以根据自己的喜好随便使用

☑ 紧急纠错

目前市场上的隔离霜除了具有隔离功效以外，更添加了淡肤色、柔白色、紫色、珍珠亮等修色粒子，让涂抹隔离霜成为彩妆的第一步。细心的MM(美眉)一定会发现，不同品牌的隔离霜，有的颜色相同，有的却大不一样，总的说来，有紫色、绿色、白色、蓝色、金色、肤色6种。可是，面对各种颜色的隔离霜，有的人往往误以为它们的作用相同，只要涂到脸上，什么颜色的隔离霜都无所谓，没有什么区别。有的人甚至认为是化妆品公司为了让产品好看、好卖才弄出了这么多的色彩。实际上，不同颜色的隔离霜区别很大，让我们来看看它们之间究竟有哪些不同。

紫色隔离霜：在色彩学中，紫色的对比色是黄色，因此紫色最具有中和黄色的作用。此外，紫色是使皮肤呈现健康明亮、白里透红效果的色彩。适合普通肌肤、稍偏黄的肌肤使用。

绿色隔离霜：在色彩学中，绿色的对比色是红色。绿色隔离霜可以中和面部过多的红色，使肌肤呈现亮白的完美效果。另外，还可有效减轻痘痕的明显程度。适合偏红肌肤和有痘痕的皮肤。

白色隔离霜：白色是专为黝黑、晦暗、不洁净、色素分布不均匀的皮肤设计的。当使用白色隔离霜之后，皮肤的明度增加，肤色看起来干净而有光泽度。适合晦暗、色素不匀的皮肤。

蓝色隔离霜：蓝色不同于紫色，它可以较“温和”地修饰肤色，使年纪大的人的皮肤看起来“粉红”得自然、恰当，而且用蓝色修饰能使肌肤显得更加纯净，白皙动人。适合脸色泛白而缺乏血色、没有光泽度的皮肤使用。

金色隔离霜：如果你希望拥有健康的巧克力色皮肤，那么金色隔离霜是最好的选择。此外，金色隔离霜还可以让皮肤黑里透红，晶莹透亮，充满活力！适合肤色较黑或追求麦色健康肌肤的人使用。

肤色隔离霜：肤色隔离霜不具调色功能，但具高度的滋润效果。适合皮肤红润、肤色正常的人使用，或只要求补水防燥不要求修容的人使用。

误区127：具有防晒功效的隔离霜可以持续防晒一整天

紧急纠错

具有防晒功效的隔离霜与单纯的防晒霜的防晒时间长度基本一致。

如果使用化学性的防晒隔离霜，它的防晒功效只能保持两个小时。物理性防晒隔离霜的防晒时间基本由SPF值决定，可持续得久一些，但是同样需要根据防晒指数补涂。

误区128：隔离霜可以替代防晒霜

紧急纠错

有些肌肤“公害”很难避免，比如无论使用多高档的护肤品都无法躲避紫

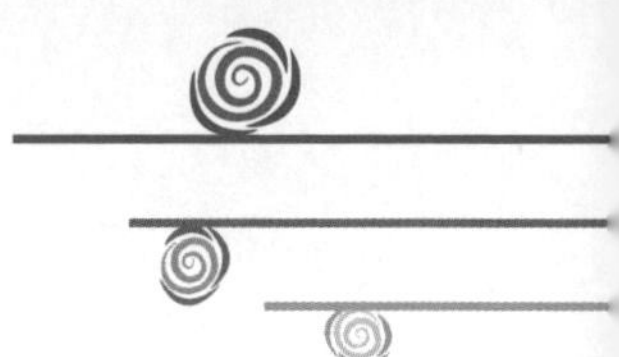

外线和空气中污染物的侵害。而隔离霜的一大功能就是阻隔这两种不可抗击的自然因素。有些隔离霜并没有防晒功能，只能起到“防尘”效果。但大多数隔离霜都有一定的防晒指数，因此就具有一定的抗紫外线功能，一般来说，SPF15的隔离霜就可以应付日常的防晒隔离工作。要搞清楚一个概念：防晒霜只有防晒功能；而隔离霜除了具有防晒功能，还添加了抗氧化成分、美白成分或维生素成分。相比一般的防晒霜，隔离霜成分更精纯，更容易吸收，而且可以防止脏空气以及紫外线对皮肤的侵害。如果你是个办公室族，只是上下班的路上与阳光相遇，那么只搽些隔离霜就可以了，没有必要再涂一层防晒霜。但是如果需要长时间待在日照强烈的户外，使用高倍数的防晒霜才会安全。

误区129：使用紧肤水就可以起到收缩毛孔的作用

☑ 紧急纠错

错！仅仅使用紧肤水是远远不够的。只有从毛孔粗大的成因入手，从根源上抑制油脂分泌，疏通毛囊通道，才能起到事半功倍的效果。

紧肤水的作用：

1. 二次清洁。使用紧肤水要用化妆棉蘸湿了再搽，如果你用洁面产品所做的清洁工作不是很到位的话，你会看到搽过的化妆棉上还会有一点脏，紧肤水可以帮助你把没有做到位的清洁工作补上。

2. 软化角质，收敛毛孔，为更好地吸收面霜做准备。用完紧肤水再涂面霜，面霜很容易推开，且易被皮肤吸收。在坚持使用紧肤水一段时间后，会发现面霜的使用量在递减。紧肤水可以让我们使用的护肤品发挥出更好的效果。因为紧肤水在护肤过程中有承上启下的作用，所以使用紧肤水是很重要的护理步骤。

3. 调节皮肤酸碱度。尤其在北方，我们使用的水的碱性比较强，优质的紧肤水可以调节洁面后残留在皮肤上的水的酸碱度。我们的皮肤是弱酸性的，好的紧肤水也应该是弱酸性的。

4. 选择紧肤水，要针对自己的皮肤选择合适的产品，而不能一味地追求品牌。中性皮肤只要选择不含酒精的紧肤水即可，而敏感皮肤最好不要选择具有美白功效的紧肤水。

使用紧肤水需要注意

1. 紧肤水是任何性质和状态的皮肤都要使用的，关键是选择适合自己皮肤类型的紧肤水。

2. 没有哪种品牌的紧肤水能够同时适用于所有肤质。如果某种产品上面标注着“适合任何肤质使用”，只能说它太不专业了，肯定是低档货。紧肤水一般分中性及油性适用、中性及干性适用两类。

3. 紧肤水应当作为日常基础护肤品使用，跟洁面乳和面霜是一样的，不是仅仅使用一段时间的特殊护理产品，紧肤水是要一直使用的。另外，使用一段时间后停用，并不会使皮肤松弛，但肯定会影响到你护肤的效果。

误区130：出差或度假带护肤品小样，好用又便携

☑ 紧急纠错

“出门多带几身漂亮衣服，护肤品带附赠的新品小样就好了，凑合几天没事的。”如果这就是你度假的护肤装备，那么你需要重新修正下自己的护肤观念了。不管你是准备长途跋涉还是就近定点小憩一番，美丽的你当然不该忘记护肤保养的重要性。在你放松心情决定享受一次浪漫情怀时，可别纵容你的懒

惰，细心的呵护会使你无论身在何处都明艳无比。虽然外出度假心情大好，但对皮肤来说却是一次冒险。一个全新的环境会令皮肤不适，如果此时还要再适应新的护肤品，产生过敏的可能性就会大大提高。

出差或度假护肤品基本款必备：

1. 有了防晒品才能让旅行万无一失。
2. 无论是否化妆，卸妆品绝不能少。
3. 清爽保湿的洁面产品最好用。
4. 化妆水功效以舒缓保湿为主。
5. 面霜要全效不要专效。

另外，除了基本款护肤品，还要带上眼霜、保湿面膜和一瓶温泉水喷雾。因为眼部保养最怕间断，所以眼霜一定要带。保湿面膜能让肌肤处处水润，而温泉水喷雾可以在肌肤敏感时及时缓解不适症状。

第三章
坊间流言终结者

那些在美容论坛、美容达人、闺密间传来传去的另类美容“秘籍”究竟谁真谁假？长期使用对皮肤和身体健康是否会有影响？在生活中，你是不是也时常听到很多有关美容护肤的小偏方呢？从“茶包消眼袋”到“喝牛奶美白”，到底它们管不管用？现在就来告诉你这些美容方法的对错，只有走出护肤误区，才能让自己的肌肤更加健康无瑕哦！

坊间流言 1：最有效的补水要用完全不含油分的护肤品

“偏方”小公开：想拥有水水嫩嫩的肌肤，就一定要用不含油分的保养品，才可以有效补水。

“偏方”困扰：涂抹了以后，脸上很快就感觉干燥，一点也不水嫩。

“偏方”大揭底：

任何肌肤补水的同时都需要适量的油脂来锁住水分，尤其是缺水更缺油的特干肌肤，只有先补油再补水才能达到好的补水效果。因此评判补水有效与否要看是否找到了真正的缺水原因，从而有针对性地补水、锁水。

害人指数：★

坊间流言 2：睡眠不足时用补水面膜救急，可以让皮肤迅速恢复到水分充盈状态

“偏方”小公开：睡眠不足的晦暗肌肤，用补水面膜很快就光彩照人啦！

“偏方”困扰：疲倦肌肤使用紧急补水面膜后，没过几小时，晦暗又回来了。

“偏方”大揭底：睡眠不足是导致现代女性皮肤失水的重要原因之一，紧急补水面膜可以瞬间让皮肤焕发光彩，但不可能完全弥补熬夜所流失的水分，充足的睡眠比单纯从外部补充水分更为重要。但如果无法保证充足睡眠时，可以在睡前配合精油按摩，从而放松心情、改善睡眠质量，帮助肌肤细胞更好地吸收水分与营养，完成由真皮层到表皮层的水分输送、存

储，为次日白天的消耗做准备。

害人指数：★

坊间流言 3：蒸面是一种不错的补水方式

“偏方”小公开：蒸面就像是给面部肌肤进行桑拿护理。

“偏方”困扰：水蒸气湿润肌肤，水滴凝结在脸上，但水分干后，面部感觉更干。

“偏方”大揭底：对于皮脂腺分泌本来就过于旺盛的油性肌肤而言，蒸面后会使新陈代谢加速，只能导致肌肤油脂分泌更加旺盛。对干燥、疲劳肌肤而言，如果不配合有效的保湿或者次数过于频繁，蒸面反而容易令肌肤自身的水分流失掉。虽然蒸面能帮助毛孔扩张，清洁深层污物，促进血液循环，去除多余的油脂，但蒸面的时间和方式一定要正确，否则过度蒸面很容易造成血管扩张、脸部潮红、皮肤干燥、毛孔粗大、皮肤过敏等皮肤问题，并破坏皮脂膜，加速细胞死亡，造成脸部的维生素 C、维生素 E、维生素 H 大量损失！

害人指数：★★★

坊间流言 4：频繁给皮肤喷点保湿水就能补水

“偏方”小公开：办公室内的空调特别容易让肌肤的水分流失，及时有效地补充水分，势在必行，喷雾补水方便又快捷。

“偏方”困扰：用后还没什么感觉，就跟矿泉水一样。

“偏方”大揭底：作为应急措施，将保湿水喷在脸上的确可以让肌肤暂时处于湿润状态，缓解干燥。不过这不包括在上过妆的皮肤上喷保湿水，对涂抹过隔离霜的皮肤也毫无作用，甚至反而会加速保湿水的挥发，带走肌肤更多的水分。要真正解决肌肤的缺水问题，还是要依靠日常补水、保湿护理。另外，在干燥环境中使用加湿器也是一种辅助补水措施。

害人指数：★★★

坊间流言 5：衰老肌是皮肤缺水直接导致的

“偏方”小公开：肌肤缺水就会出现小干纹，所以要狠命补水。

“偏方”困扰：小干纹依然出现，不见有任何缓解。

“偏方”大揭底：肌肤衰老最重要的因素是：

1. 细胞自身的新陈代谢减慢，肌肤胶原蛋白生成能力减弱；

2. 紫外线侵害令皮肤中的有害物质——自由基加倍生成，破坏真皮层中的胶原质与弹力纤维。缺水只是肌肤衰老最直接的表现而已，并不是导致肌肤衰老的原因。

害人指数：★★

坊间流言 6：晚上是最佳的肌肤补水时间

“偏方”小公开：据说，晚上人体新陈代谢最旺盛，所以晚上多补水，一定会解救干渴肌。

“偏方”困扰：肌肤还是缺乏弹性，依然很干。

“偏方”大揭底：晚上12点到次日凌晨2点，皮肤的新陈代谢进入最高峰，所以一般肌肤保养的最佳时机都是在晚上。不过，补水的关键时刻是早晨起床后。睡眠期间，皮肤会蒸发掉约200毫升水分，这时空腹喝水最能及时补充身体所需水分。如果睡前喝大量的水，不仅达不到给肌肤补水的效果，

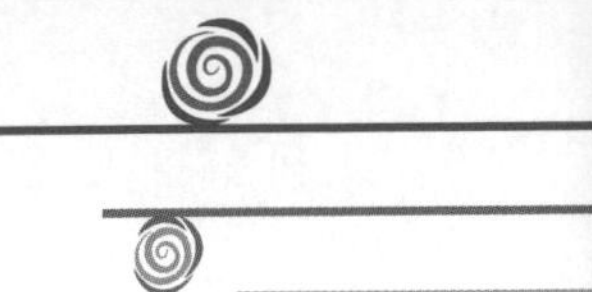

反而会影响睡眠质量，使皮肤代谢功能减弱，甚至还会引起眼袋，造成眼部浮肿。

害人指数：★★

坊间流言 7：酒泡鸡蛋，蛋清敷面，美白如雪

“偏方”小公开：蛋清因为自身具有一定的吸附力，敷在脸上几分钟再洗掉可以起到剥离老化角质的作用，皮肤看起来也会显得白嫩。

“偏方”困扰：用起来感觉很麻烦，掌握不好度。

“偏方”大揭底：用酒泡蛋到底是用高度酒、低度酒，还是酒精？这个没有标准不说，其可靠度也很低。如果需要泡一个星期，食物的品质已经无法保证了，还能放心地把它抹在脸上吗？

害人指数：★★★★

坊间流言 8：“冷热水温度游戏”帮助肌肤收紧毛孔

“偏方”小公开：夏天用热水岂不是热上加热，而且用热水洗脸不是会令毛孔粗大吗？先热后冷的交替洗脸法是不是两全其美？

“偏方”困扰：用后感觉肌肤容易干痒，好像出现敏感症状了。

“偏方”大揭底：冷热交替洗脸法是不科学的，要知道毛孔可不像门窗一般，想什么时候打开就打开，想什么时候闭合就闭合，冷热交替很容易导致毛细血管扩张，造成面部红血丝现象，严重的还会引起面部敏感症状，本身就是敏感性肌肤的人情况会更糟糕。建议使用温水洗脸的原因是，温水和肌肤本身的温度较为接近，不会刺激肌肤毛孔瞬间张大缩小，而且能够帮助洁肤产品更好地工作。

害人指数：★★★★

坊间流言 9：服用珍珠粉，定能美白皮肤

“偏方”小公开：珍珠粉是古代宫廷的美容圣品，它含有一定的美白因子。

“偏方”困扰：用了好久，也没感觉皮肤变白，难道说连慈禧都使用的美容方法没用吗？

“偏方”大揭底：从小就听说多服珍珠粉可令皮肤白滑，就连慈禧太后都深信不疑。更有报道指出，某明星自小就有吃珍珠粉的习惯，长大后也保持每周吃1茶匙来养颜，真的可行吗？在营养学上，服珍珠粉美白是没有根据的。珍珠粉大部分成分都是矿物质，直接服珍珠粉是可以给身体补充钙质，但假如你的目标是美白，劝你还是不要白费劲儿了。与其吃倒不如直接敷珍珠粉面膜，效果会更显著。将珍珠粉与少量牛奶及蜂蜜混合调匀，洁面后均匀敷在脸上并进行按摩，20分钟后洗净。

害人指数：★★

坊间流言 10：DIY 果酸能焕肤

“偏方”小公开：果酸焕肤术是属于“浅表化学焕肤术”的一种，也是目前最常被使用的焕肤术。

“偏方”困扰：好像只能短时间达到效果，时间长了，不但没能使皮肤光滑，反而使皮肤变得更粗糙了。

“偏方”大揭底：曾经有媒体报道说，某女大学生自行到化工行买材料，DIY调配果酸焕肤，由于浓度太高，灼伤了皮肤，令脸部布满红肿的疤痕，更令肌肤表皮层坏死。果酸确实可以使皮肤表皮加速脱落，改善皮肤粗糙

情况，但要处理得当，时间控制得精准。如果浓度过高，或施于过敏性和干燥性肌肤，便会造成不同程度的灼伤，也可引起皮肤发炎、色素沉积等副作用，这也是我们不建议DIY美容品的道理。而且，一旦造成损伤是很难弥补的，因为皮肤角质层受损，会使皮肤锁水和防御能力降低，还会造成皮肤对光敏感，易形成晒斑。

害人指数：★★★★★

坊间流言11：高浓度茶树精油可轻松去痘

"偏方"小公开：精油是天然安全的美容佳品。而茶树精油能够治疗痘痘，已经是MM（美眉）间的不传之秘了。因此，很多为痘痘烦恼的MM（美眉）往往把去痘的希望寄托在茶树精油上。

"偏方"困扰：买回纯天然的单方茶树精油，用了几次，却发现效果并不那么美妙。不仅痘痘没消下去，肌肤反而像受到刺激一样开始变红甚至发炎，这是怎么回事呢？

"偏方"大揭底：从理论上讲，精油是没有任何副作用的，但由于精油的使用不太为大家所熟知，加之时下流行的DIY护肤风，因此有的MM（美眉）会盲目地跟风购买纯度高的单方茶树精油自行调制使用。但用法、用量很容易出错，不仅会使精油无法达到应有的效果，甚至有可能让皮肤受到伤害。所以，在使用精油时，如果没有经验，最好购买调制好的复方茶树精油。

单方茶树精油具有良好的消炎、杀菌和收敛毛孔的作用，但不经稀释，直接涂抹于患处，会有灼痛感，甚至造成过敏。而且，复方茶树精油最好在痘痘生长的初期使用，这样可以达到最好的效果。

害人指数：★★★★

坊间流言 12：直接涂抹蜂胶就能消炎去痘

“偏方”小公开：滴几滴蜂胶液（最好是不含酒精的水溶蜂胶）在长痘的地方，或用水稀释后涂抹，据说这样做可以在预防痘痘和过敏的同时，起到抗菌、消炎和增加皮肤弹性的作用。

“偏方”困扰：怎么涂了之后效果不明显，痘痘好得更慢了呢？

“偏方”大揭底：蜂胶保健品具有免疫调节功能，能增强人体的免疫力，所以服用蜂胶对人体是很好的。而从美容的角度讲，服用蜂胶能消除炎症，促进受损组织再生，调节内分泌，改善血液循环状态，在全面改善体质的基础上，更可分解色斑，减少皱纹。此外，蜂胶是公认的天然抗氧化剂，能清除自由基，保护细胞膜，增强细胞活力。

但是，蜂胶作为一种保健品，一般只用来口服，外用去痘的说法没有任何根据。蜂胶中细微的天然激素含量，甚至有可能刺激到肌肤，从而恶化痘痘的状况。

害人指数：★★★★

坊间流言 13：痔疮膏可以治疗黑眼圈和细纹

“偏方”小公开：痔疮膏最近成了药店的紧俏商品，很多 MM（美眉）都前往购买。这并不是有痔疮的人变多了，而是因为她们发现了痔疮膏的另外一个功能——去黑眼圈！据说，国外的明星都是这么干的。

“偏方”困扰：痔疮膏真的能治疗黑眼圈和细纹吗？那还要眼霜做什么？

“偏方”大揭底：痔疮软膏本身的油脂成分比较丰富，其中又添加了甘油等较低廉的保湿剂，而且痔疮膏里面还含有珍珠、麝香成分。珍珠对皮肤的好处大家都知道，而麝香可以促进微循环，对缓解黑眼圈也有效果。因此，痔疮膏能抑制黑眼圈和平复细纹，并不只是传言。

但是，用痔疮膏来涂抹眼睛周围，失去的会比得到的多得多。痔疮膏能够治疗痔疮，原因在于它是强收敛剂，能够强效收缩皮肤细胞，这便意味着它具有较强的刺激性。而眼睛周围的肌肤是非常娇嫩的，长期使用强收敛剂的副作用是，会使皮肤加速老化，而且痔疮膏的刺激性还有可能引起皮肤过敏。

害人指数：★★★★

坊间流言 14：敷柠檬片美白

"偏方"小公开：柠檬是大家公认的美白圣品。不管是专家还是明星，都在告诉大家柠檬的好处。而且水果是纯天然的，不含防腐剂和其他添加剂，当然能放心使用了。用新鲜柠檬汁祛斑美白，经济实惠又安全有效。

"偏方"困扰：出去旅行晒得很黑，心急之下就开始用柠檬汁护肤，甚至饮用柠檬汁。结果不仅胃痛，皮肤还像被灼了一样，又红又痛。

"偏方"大揭底：柠檬是美白圣品，它含有丰富的维生素 C，其主要成分是柠檬酸，在美白肌肤、抵抗皮肤老化方面具有极佳的效果，对消除疲劳也很有帮助。

很多 MM（美眉）深信天然美白法，常用柠檬片敷脸，结果令两颊发红肿胀，并带有类似烧伤的痕迹，嘴巴也有严重的脱皮现象，而且肤色变得更加暗沉。事实上，柠檬含有可以增白的维生素 C 成分，但浓度远不足以淡化色斑和雀斑。除此之外，未经提炼的天然柠檬中的维生素 C 不仅不能直接被皮肤吸收，而且含有感光成分，例如用柠檬皮或柠檬汁敷面后没有洗干净就晒太阳，会大大增加出现色斑的概率。

为了美白肌肤，敷柠檬片或喝纯柠檬汁是非常危险的。因为，虽然柠檬含有许多维生素 C，但同时也含有刺激的柠檬酸，柠檬的酸度是非常大的，而酸具有腐蚀性。柠檬中的酸如果没有经过稀释直接用在皮肤上，会对肌肤造成很大的刺激,很容易导致肌肤敏感,甚至灼伤肌肤引致变黑或起水泡。同时，纯柠檬汁对胃也不好，会导致胃痛。

此外，食物中多含右旋维生素 C，而非左旋维生素 C，其抗氧化和美白效果较不稳定，因此 DIY 天然美白面膜作用不大。所以，不管是内服还是外用，柠檬中的酸性成分都必须经过稀释。另外，柠檬不能在白天使用，因为柠檬具有光敏感性，如果白天用了可能会被晒得更黑。

害人指数: ★★★★★

坊间流言 15：阿司匹林是很好的美白产品

“偏方”小公开: 网上流传用阿司匹林 DIY 美白面膜的方法是：把 5—6 片阿司匹林药片研成粉末后加清水调和均匀，用化妆棉蘸取该溶液搽在脸上，20—30 分钟后冲洗干净即可。

“偏方”困扰: 用药物 DIY 美容面膜，还是很担心，不敢试呢。

“偏方”大揭底： 一些看似有理的解释很能蒙住外行人——阿司匹林的活性成分是乙酰水杨酸，很多美白化妆品中都含有乙酰水杨酸这个成分，所以不妨一试。没错，阿司匹林确实含有乙酰水杨酸，但它是水溶成分，其有效成分很难通过皮肤的角质层被皮肤吸收。另外，如果调配比例不对，药物副作用会对皮肤造成刺激和伤害，所以不要冒险尝试。

害人指数: ★★★★★

坊间流言 16：食盐控油

“偏方”小公开: 许多美容达人说，用食用盐洗脸，不仅可以促进新陈代谢,深层清洁肌肤,而且还可以去除油脂和角质,让你粗大的毛孔渐渐隐形。

“偏方”困扰：说实话，这种食盐控油法真的没什么大用，感觉用完之后皮肤很干，而且出油情况并没有得到遏制。

“偏方”大揭底：洗脸后，把一小勺食盐放在手掌心，加3—5滴水，再用手指仔细将盐和水搅拌均匀，然后用手指蘸着盐水从额部自上而下地涂抹，边涂边做画圆按摩。选择洁面盐，亦要根据自己的肤质和食盐的用途去选，千万别被那些色泽迷人的小颗粒冲昏头脑随便买。事实上，这种食盐控油法真的没什么大用，而且就算是细盐，磨到脸上都觉得粗粗的，时间一长，很容易磨粗肌肤、伤害毛孔。

害人指数：★★

坊间流言17：清酒控油

“偏方”小公开：清酒控油原理跟含酒精的紧肤水一样，其实就是去掉脸上的油脂。

“偏方”困扰：适合油性皮肤、毛孔粗大者使用，搽上后感觉很清爽，没有黏腻感，但是紧致效果可能不明显。

“偏方”大揭底：洗脸时，往水中勾兑一些日本清酒，可以有效地收缩毛孔，起到控油的效果。虽说道理和含有酒精的紧肤水一样，可是效果却截然相反。因为，清酒中的酒精和护肤品中的酒精是不太一样的，如果直接抹在脸上，看上去表面的油脂似乎去掉了，实际上柔嫩的肌肤正遭受着严重的外界刺激，毛孔并不会因此收缩，油脂分泌亦不会减少。如果是敏感性肌肤，还容易出现过敏及红血丝现象，对收缩毛孔、减少油脂分泌没什么作用。而且，长期使用酒精，会让皮肤粗糙，毛孔粗大。

害人指数：★★

坊间流言 18：每天喝醋能让皮肤光洁、柔嫩

“偏方”小公开：“吃醋有益健康”的说法流传已久，美国在五六年前十分流行喝醋，还有好几本相关的书问世，教人怎么喝醋健身。钟爱醋的日本人更把醋视为预防百病的万灵丹，各种醋疗法——醋蛋、醋豆常常掀起一阵饮食风潮。也有不少人在日常生活里身体力行地坚持喝醋，据说，长期喝醋，可让皮肤光洁、细腻、柔嫩。

“偏方”困扰：晚上喝了好多米醋，睡觉时感觉胃里很酸，浑身都不舒服，无法入睡，担心胃被烧坏。

“偏方”大揭底：我身边就有一个 MM（美眉）听说喝醋可以美容，半年来她一直坚持每天喝一杯醋。可美容的效果没有达到，近日却时常感觉胸口烧痛。医生给她做胃镜检查，竟然发现她的食道重度糜烂。据医生介绍，醋含有丰富的钙、氨基酸、B 族维生素、乳酸等物质，这些成分对人体皮肤有一定好处。但醋的主要成分是醋酸，食用过量不但会影响人体的酸碱平衡，时间长了还会灼伤消化道。

害人指数：★★★★★

坊间流言 19：新鲜芦荟能有效美容

“偏方”小公开：直接将芦荟叶切成薄片敷于面部，或是生嚼芦荟叶肉，直接服用其新鲜叶汁，能够起到较好的调理和保健作用。也可以把生的新鲜叶片制成薄片，用糖醋或油炒后食用，更有美容功效。

“偏方”困扰：用完以后真的很难受，皮肤干燥，不但一点问题没解决，还觉得有点轻度疼痛，而且皮肤出油情况好像有增无减。

“偏方”大揭底：虽然芦荟含有丰富的天然维生素、矿物元素、氨基酸等，对收敛皮肤毛孔、改善皮肤疤痕、防止小细纹出现、治疗痤疮等都有

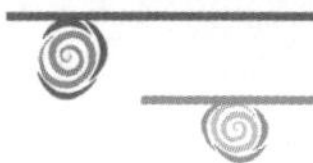

明显的疗效，但如果直接使用芦荟原汁涂脸，有可能造成过敏和出现红斑。“有些芦荟误食会引起中毒甚至危及生命。”国家轻工业芦荟制品质量监督检测中心赵华副教授说，一些白领直接将芦荟连皮带肉做成饮料，结果芦荟叶皮和芦荟凝胶（即芦荟皮后半透明物质）之间的黄汁，即“大黄素”（芦荟泻素）未处理干净，容易引起恶心、呕吐、腹泻。此外，部分 MM（美眉）把芦荟鲜叶直接往脸上涂抹时，还可能出现堵塞毛孔、刺激过敏等问题。只有利用生物工程手段，经过专业提炼、筛选、脱敏等处置后的芦荟产品才可以正常使用。专业美容院用新鲜芦荟做美容也必须先使用抗敏隔离液，经过 10 分钟沉积，把对皮肤刺激的物质过滤掉，才可以做皮肤护理。

害人指数：★★★★★

坊间流言 20：过期牛奶的护肤功效更强

“偏方”小公开：变质牛奶也是护肤一宝呢！最早发现过期牛奶可以护肤的是埃及艳后，喜欢用鲜奶沐浴的她发现过期、发酸的牛奶，能让皮肤更滑、更细。

“偏方”困扰：左半边脸用过期牛奶敷，右半边用新鲜牛奶敷，使用了两次后，左半边脸的肌肤并没有变光滑细嫩，很失望。

“偏方”大揭底：过期牛奶能产生乳酸，可以软化角质。牛奶中的脂肪颗粒比普通动物脂肪的颗粒要小很多，更容易被皮肤吸收，而过期牛奶中的脂肪并不会减少，滋润作用相对于新鲜牛奶不会减弱。另外，全脂牛奶的护肤效果比脱脂奶更好。不过要注意的是，过期的牛奶（如乳酸）不会结块，没有软化角质的效果，所以不会比鲜奶的护肤效果更好。而且，如果发酵时间过长，浓度较强的乳酸会引起皮肤不适，甚至过敏。

害人指数：★★

坊间流言 21：用牙膏可以治疗痘痘

“偏方”小公开：涂抹牙膏治疗粉刺、青春痘，这不知是谁发明的偏方，在 MM（美眉）中似乎还流传甚广。

“偏方”困扰：涂在皮肤上会留下红斑，还会造成干燥脱皮，痘痘依然存在。

“偏方”大揭底：有些牙膏中的成分确实有消炎作用，能缓解肿痛、促进粉刺干枯，但对皮肤却是弊大于利。毕竟牙膏是牙齿的清洁剂而不是药物，涂在皮肤上会留下红斑，还会造成干燥脱皮的现象，这比粉刺还要可怕。另外，千万不要用含氟牙膏敷痘痘，虽然没有确凿的科学证据证实氟化物本身会直接引发痘痘，但它对皮肤的刺激是肯定的，会导致角质层增厚。如果增厚的死皮没有脱落，就会堵塞毛孔，形成痘痘。

害人指数：★★★★★

坊间流言 22：使用豆腐面膜，肌肤如豆腐般嫩滑

“偏方”小公开：豆腐具有高度的润泽与美白作用，经常使用，肌肤会变得又白又嫩。

“偏方”困扰：怎么用了之后，没有什么效果呢？会不会有什么副作用呀？

“偏方”大揭底：豆腐中含有丰富的大豆异黄酮，具有抗氧化的功效。此外，豆腐中所含的丰富植物乳化剂——卵磷脂还能加强肌肤的保湿力。不过，豆腐制作的过程中不可少的一道工序叫“点卤”，就是在豆浆中加入碱性液体让它能够凝结起来。因此，有的豆腐中碱性成分就会比较多，如果长时间敷在脸上，会对皮肤造成不好的后果。另外，外敷很难让豆腐中的有效成分被皮肤吸收，用豆腐做面膜不如把它吃下去更好。

害人指数：★

坊间流言23：DIY蜂蜜面膜适用于任何肤质

“偏方”小公开：用蜂蜜加上其他有效成分自己DIY面膜，不仅保湿滋润，还非常安全呢。

“偏方”困扰：用了蜂蜜面膜，皮肤不仅没有润泽感，反而冒起了一些小红点。

“偏方”大揭底：蜂蜜中所含的营养物质十分丰富。科学家证实，蜂蜜中含有元素周期表中所列的大量微量元素及多种微生素，其中尤以B族维生素和维生素C含量高。因此，蜂蜜有较理想的美容效果。由于蜂蜜是高浓度的糖溶液，所以还对很多菌类有抑制作用，原因在于它所含有的葡萄糖过氧化酶能与葡萄糖发生反应，产生过氧化氢，而一定浓度的过氧化氢具有杀菌和抑菌作用。用蜂蜜敷脸能够让皮肤变得滋润有光泽，但是蜂蜜面膜却不适用于敏感性皮肤，因为蜂蜜氧化产生的过氧化氢虽然浓度不高，但是也可能会刺激到敏感的肌肤。

另外，蜂蜜中含有微量的天然激素，不适用于敏感性肌肤和易长痘痘的肌肤。虽说蜂蜜是美容的好东西，但必须先弄清楚自己的肤质再使用哦。另外，蜂蜜保湿效果有限。蜂蜜的黏稠性让人误以为它具有很好的保湿效果，实际上，这是糖分高度浓缩后的结果。小分子的单糖或双糖虽然也可帮忙抓水保湿，但效果有限，所以用蜂蜜敷脸不如用纳豆来敷，尽管纳豆的气味实在令人不敢恭维。同一类的小分子保湿成分中，甘油的分子更小，就比例上来说可以为脸部抓住更多的水分，所以用甘油敷脸保湿效果更佳。

害人指数：★★★

坊间流言24：嚼口香糖瘦脸

“偏方”小公开：咀嚼口香糖能收缩筋肉，调整发福的脸部肌肤，逐渐减少凹进去的皱纹沟深度，甚至填满。至于快要形成皱纹的部分，更因筋肉收缩，增强弹性，从而防止了皱纹的产生。

“偏方”困扰：累死了，嚼了半个月，脸也没有瘦的迹象。

“偏方”大揭底：这个说法不但不正确，而且害人不浅！口香糖嚼得越多，脸就会越大、越方！嚼口香糖或是鱿鱼丝、硬豆干等较具韧性的食物，所运动到的是耳朵前下方及下颌上的肌肉。我们的肌肉越训练越运用，就会越来越健壮，想想那些运动员的壮硕肌肉就知道了。

害人指数：★★★★

坊间流言 25：矿泉水洗脸肯定比自来水洗脸更好

“偏方”小公开：一种用矿泉水洗脸的美容新方法正在被不少 MM(美眉)推崇。许慧欣素来被称为“白雪公主”，她的一个美容小窍门就是用矿泉水洗脸，因为“可以喝的水当然对皮肤有好处”。

“偏方”困扰：一直在用矿泉水洗脸，但用了很久，也没有感觉到有什么特别的效果。

“偏方”大揭底：虽然很多护肤品牌号称所使用的水源来自某地的特殊矿泉，具有安抚、镇静肌肤等特定功能，但一般的矿泉水其实并无特殊功效，甚至矿泉水中如果所含金属离子较多，又使用皂性配方的清洁产品，更可能造成面部皂垢的沉积，增加清洁的难度。所以对洗脸或沐浴用水而言，只要干净无污染即可，需注意的应是，所使用的清洁产品温不温和、水温是否恰当，以及按摩是否适度。如果担心居住环境的自来水水源被污染，可考虑使用经滤水器过滤的水来清洁肌肤，应该会比使用矿泉水来得简单省事、经济实用。

害人指数：★

坊间流言 26：用米饭团去角质

“偏方”小公开：当家中香喷喷的米饭做好之后，挑些比较软的、温热又不太烫的米饭揉成团，放在面部轻揉，把皮肤毛孔内的油脂、污物吸出，直到米饭团变得油腻污黑，然后用清水洗掉，这样可使皮肤呼吸通畅，减少皱纹，更能有效去角质。

“偏方”困扰：用米饭揉搓后很容易产生黏黏的感觉，不容易清洗干净。

“偏方”大揭底：用米饭团去角质，效果不佳，还要小心淀粉会成为细菌的温床。在煮熟之后，每粒米都吸饱了水分，根本无法再吸取油脂。利用米饭的黏性也许可以粘上少量肌肤表面的灰尘、皮屑，但它并没有任何去角质的作用。而且米饭团的主要成分为淀粉，淀粉正是细菌的最爱，温热、湿润的米饭团正是细菌滋长的好环境，清洗不彻底的话会造成感染，轻则患毛囊炎，重则可能会变成蜂窝性组织炎。

害人指数：★

坊间流言 27：涂抹芝麻油能令肌肤水嫩

“偏方”小公开：芝麻油不但好吃，而且是按摩护肤的好帮手。用芝麻油按摩全身，能促进微循环、消除肌肉的紧张痉挛、平滑肌肤、安定神经。

“偏方”困扰：太油腻，较难洗净，连续使用还很容易堵塞毛孔，引发很多红疙瘩，皮肤敏感的MM（美眉）会得不偿失。

“偏方”大揭底：芝麻油含有丰富的不饱和脂肪酸，对肌肤有一定的保湿效果。但是芝麻油分子较大，不论是冷萃取还是热萃取液，都很难达到亲肤效果。所以，市面上能买到的芝麻油，都不能有效地让肌肤获得芝麻中的滋养成分。如果持续使用，反而会因为分子太大堵塞毛孔，造成粉刺大量产生，进而演变成恼人的痘痘，危险性很高。

害人指数：★★

坊间流言 28：生鸡蛋的蛋膜能去黑鼻头

“偏方”小公开：网上有网友说，鸡蛋壳里的薄膜有去黑鼻头的功效。其做法是：敲碎鸡蛋壳后，小心翼翼地取出壳内的薄膜，然后将完整的膜带蛋清的一面贴在鼻头上，按紧，挤出鼻子与蛋膜间残存的空气泡泡，使蛋膜与皮肤紧贴，待干透后，撕下蛋膜，小黑头就被拔出来了。

“偏方”困扰：看到自己的鼻子没有任何变化，用手揉了半天也不见帖子中网友照片上揉出来的黑头，最终试验以失败告终。

“偏方”大揭底：蛋膜没有去除黑头的功能，就算干燥后有紧缩毛孔的功能，但敷在没有露头的黑头上，也难有效果。而且，在去黑头之前应先去角质，将肌肤毛孔打开之后，再使用去黑头的保养品，或进行清除黑头的疗程，才能有效去除黑头。

TIPS（小贴士）：蛋膜中含有一些分子不算大的胶原蛋白质，湿敷于肌肤上有保湿功能，同时还具有简单的紧缩毛孔效果，使用得当的话，会有短暂的美肌效果，对皮肤没有太大“杀伤”力。

害人指数：★★

坊间流言 29：啤酒敷面去皱

“偏方”小公开：啤酒酒精含量少，所含鞣酸、苦味酸有刺激食欲、帮助消化及清热的作用。啤酒中还含有大量的 B 族维生素、糖类和蛋白质，可减少面部皱纹。

“偏方”困扰：每天要用一瓶啤酒，其实很浪费，算起来价格也不菲，

关键是效果并不明显，不知还要不要继续。

“偏方”大揭底：成分上的确有些许效果，但并非适合所有肤质，使用频率也不宜过高。啤酒中的鞣酸的确有美白、物理防晒、软化角质的作用，另一成分酵母也可以起到软化角质的作用，但应注意，啤酒的成分不是只有这两种，还包含了糖和酒精。糖类会滋生细菌，而敏感性肌肤和酒精过敏的MM（美眉）就不能使用酒精来护肤，否则会导致皮肤状态恶化。啤酒虽然有效果，选择保养品会更安全有效。

害人指数：★★★

坊间流言30：口服避孕药治疗青春痘

“偏方”小公开：口服避孕药不仅可以治痘，还会使皮肤变得越来越滑嫩。这是一度流传甚广的偏方，而一些身体力行的MM（美眉）也向我们证实，避孕药对抑制皮脂分泌过盛和粉刺确实有些效果。

“偏方”困扰：担心会长胖，长期服用也担心有其他方面的副作用。

“偏方”大揭底：口服避孕药会扰乱人体激素分泌，这样的治痘方法得不偿失。有些痘痘是因内分泌失调导致的，于是吃避孕药去痘成了一些姐妹们心照不宣的秘密。但这是极不推荐的，因为会有副作用和依赖性。而且它会让你长胖，长期服用还有其他方面的副作用。从科学的角度来看，青春痘的形成很大程度上和内分泌失调有关，若体内雄性激素过高会让皮脂分泌增加，从而产生并加重青春痘，要改善这样的问题就可以使用雌性激素或者抗雄性激素制剂。一般的避孕药虽然含有雌性激素，但因为用来抑制排卵的浓度尚不足以降低皮脂分泌，所以对治疗严重青春痘效果并不明显。而某些含有抗雄性激素成分的避孕药，能够让人在服药期间体内不排卵，也有降低皮脂分泌的功能，因而对改善皮脂分泌旺盛和治疗粉刺有特殊功效。但所有的避孕药都有副作用，长期或不规律服用，会破坏卵巢功能，导致雌激素分泌过多，出现头晕、恶心、呕吐、乳胀、乳痛、体重增加等问题，特别是少女长期服用避孕药还会大大增加患乳腺癌的概率，为了美丽而损害健康是得不偿失的。

害人指数：★★★★

坊间流言 31：把凡士林涂在睫毛上可以让睫毛长得更快

“偏方”小公开：圈内闺密疯传，若想睫毛又黑又长，可用凡士林代替睫毛液，涂上后睫毛能出现极佳效果。但必须小心涂抹，别把凡士林弄到眼球上。

“偏方”困扰：凡士林涂在睫毛上，感觉并不是太舒服，但为了让睫毛长长，只能忍受了。涂了有一段时间了，可是还没见睫毛有变长的迹象。

“偏方”大揭底：睫毛的浓密度及其长度完全取决于基因遗传因素。而将黏稠的膏状凡士林涂在睫毛处会堵住内眼睑边缘处的眼腺体，不仅起不到让睫毛增长的作用，还会使眼部受到细菌感染。真正有效增长睫毛的成分有三类，一是生物类：生物酶“EPM”、毛囊生长因子等；二是天然植物萃取精华：积雪草、雏菊、水田芥、胡黄连以及大豆卵磷脂、植物蛋白等天然植物萃取精华；三是中草药的成分如芥末、半夏、生姜等。以上三类成分皆具有激活毛囊胚胎、加速睫毛生长的功效。

害人指数：★

坊间流言 32：化妆水能“抚恤”机舱中的干燥肌

“偏方”小公开：打开电视，你经常可以看到 MM（美眉）把化妆水充分搽在脸上的镜头；打开杂志，就有女性非常舒服地在把化妆水拍在脸上的图片。各种各样的化妆水广告充斥着我们的生活。

“偏方”困扰：肌肤依旧干燥，化妆水抚慰干燥肌肤，感觉有些治标不治本。

“偏方”大揭底：当你在坐飞机时，如果看到慢慢从包里取出化妆水，每隔一小时在脸上轻拍一次的女性，她本人一定是想在干燥的机舱中给自己的肌肤补充水分。可是对于肌肤来说，这却不是好事。因为，这样不仅不是滋润肌肤，还会导致皮肤中原有的水分与化妆水一起蒸发掉。也就是说，这样既浪费化妆水，又会让皮肤更缺水。那么，怎样有效使用化妆水呢？

很多人都不太了解化妆水的本质，所以难免把化妆水用成“抽水泵的启动水”了。

化妆水，首先可以被看作敷在皮肤外面、使皮肤镇静下来的湿布，能起到“整肌”的效果。作用是打造“通道”，让接下来涂抹的美容液、抗衰老的成分等能够轻松渗透到皮肤里面去。这样理解的话，就能弄明白为什么只把它瞬间喷在皮肤表面是起不了任何效果的了。真正有效使用化妆水的方法是：在濡湿的化妆棉上倒上化妆水，然后敷在皮肤上3分钟。这样可以使肌肤镇静下来，以柔软而水润的状态迎接美容液的“到来”。

如果在飞机里感到肌肤干燥，MM（美眉）们可以试一试有即时效果的美容液，虽然没有化妆水那样清爽，但有即时效果的美容液会给肌肤带来更多的湿润和舒适感。

害人指数：★★

坊间流言33：雌性激素能令女人显年轻，可以多多使用

“偏方”小公开：女性自30岁以后，卵巢功能开始退化，雌性激素分泌开始减少，衰老和各种疾病也随之而来。因此，服用雌性激素类保健品对女性来说不仅是青春之源，更是健康之本。

“偏方”困扰：听说过多服用雌性激素会引起内分泌紊乱、肝肾损伤、

向心性肥胖、雀斑，甚至会引发肿瘤。

“偏方”大揭底：过多服用雌性激素类保健品并不好，因为身体器官都是根据需求来分泌所需的激素的，如果长期服用外来的药物，你的雌性器官功能就会减弱，直至退化。就像泰国有些男孩子因为长得很好看，所以从小就被逼长期大量服用雌性激素，等到长大以后就像个女人，然后进行所谓的人妖表演，而他们的寿命通常都很短。所以，最好尝试一些增强自身器官功能的方法，而不要依赖药物。

害人指数：★★★★★

坊间流言 34：口香糖可除去口臭，常嚼可确保口气清新

“偏方”小公开：嚼口香糖可以清新口气、消除口臭，正因为这样，职场女士们的帆布袋里，除了有一支唇红、一面镜子，还不忘放上一罐口香糖。据说嚼口香糖还有放松心情的作用，因为专家采用脑电图技术，观察到咀嚼口香糖可引起脑波增强。

“偏方”困扰：坚持每天刷牙，也嚼了不少口香糖，可是还有口臭，怎么办呢？

“偏方”大揭底：吃口香糖对口臭病人而言，只能起一个暂时掩盖的作用，不仅对治病毫无益处，反而会因其中糖分等物质的刺激加重口腔和胃黏膜损害，使原来的疾病变得更为严重。

口臭在中医来说，主要是脾热、胃火、肠燥等引起的，又有虚实之分。因此，口臭患者如想服中药，一定要找有经验的中医医生开方，不可擅自选服中药，因为“清胃火”的中药十分苦寒，服后极易损伤脾胃。乱服会导致口臭未除，脾胃先伤。在治疗上，首先要积极治疗原发病。对于口腔、消化系统、呼吸系统等引起口臭的疾病，要积极进行相应的治疗。由于口臭往往多是由口腔、消化道感染厌氧菌或兼性厌氧菌所致，所以可以服用替硝唑或甲硝唑（时间

不能超过7天)，这是能够治疗厌氧菌或兼性厌氧菌的药物。幽门螺旋杆菌感染所引起的口臭，可以服用根治幽门螺旋杆菌的药物。还可以配合用中药佩兰10克，开水沏饮（就是像沏茶那样地以佩兰代茶沏着喝）一天1—2次，这比有些口香糖要好使。叩齿也是一种很好的方法。闭唇，轻轻叩齿100—300次，其间可有唾液增多现象，小口缓缓咽下，每日做2—3次，不但治疗口臭，对其他口腔疾病也有不错的疗效，大家不妨试一试。

最后，要十分注意口腔卫生。每天晨起、睡前和饭后认真地刷牙漱口，必要时，用牙刷或洁净的毛巾轻柔地刷除舌苔。此外，戒烟，戒酒；饮食要相对清淡，避免吃生冷、刺激性、有臭味（如蒜、葱、韭菜、臭豆腐等）及不易消化的、油腻的（高蛋白、高脂肪）食物；进食时要细嚼慢咽；多喝水，多食蔬菜、水果及豆类；生活作息要规律，保持心情舒畅；多参加体育锻炼等。中医认为，口臭属于胃肠道有“热”，因此主张口臭尽量少吃助热的温里散寒类食物，适量吃一些消热的清热类食物。

害人指数：★★

坊间流言35：隔离霜能抗电脑辐射

“偏方”小公开：隔离霜的广告中提到它有抗电脑辐射的功效。看来科技真是发展了，一定要买来使用。

“偏方”困扰：最近听说涂了隔离霜也没有什么用，好像只是厂家销售的一种广告说法而已。

“偏方”大揭底：隔离霜是否能隔离电脑辐射？这也是许多JMS（姐妹们）关心的一个问题。我个人的答案是：不能。电脑辐射大多属于低频辐射，其波长约为6.5厘米，而隔离霜和防晒霜针对的主要是波长0.01—0.40微米的紫外线，JMS（姐妹们）可以考虑一下它对于电脑辐射会不会有作用。

但是，隔离霜对电脑使用者是有一定好处的。因为电脑除了辐射会对人体造成伤害以外，电脑屏幕的静电还会吸附大量空气中的微尘。简而言之，使用电脑时，我们的皮肤是处在一个相当“脏”的环境中。隔离霜的一个重要作用是隔离空气中的灰尘，使用电脑时搽隔离霜可以减少灰尘对皮肤的伤害。

长时间面对电脑，电子辐射会构成对皮肤细胞的伤害，让自由基更趋活跃；封闭环境中的鲜氧含量大大低于室外，会使皮肤缺氧。现在还没有专门用于对抗电脑辐射的隔离霜。所以，肌肤的保湿工作显得更加重要。兰蔻专柜美容顾问凯特介绍，目前市场上还没有出现专门用来防止电脑辐射的隔离霜，但隔离霜中大多含有丰富的抗氧化因子及高浓度的营养滋润成分，对于需要长时间对着电脑的办公室白领来说，使用隔离霜，可以给肌肤多一层保护。而隔离霜不仅可以隔离空气中的灰尘，对于电脑周围环境中飘浮的微尘，也能起到一定的抵挡作用。

害人指数：★★

坊间流言 36：30 岁后，每天使用精华素以维持肌肤活力

“偏方”小公开：精华素的分子比面霜的分子要细小很多，会有更好的渗透性，长时间使用会使皮肤的自我抵抗能力加强，由内而外改善肤质。

“偏方”困扰：皮肤感觉明显滋润了，但脸上却出现了一些白色的脂肪粒，很困惑。

“偏方”大揭底：随着年龄的增长，肌肤细胞的代谢能力会有所降低。如果选用含高油分的精华素作为面霜天天使用，会导致肌肤因养分过高，无法正常代谢而呼吸困难，甚至长出小的油脂粒，所以间歇使用为佳，一般每周 2—3 次。如果想每天使用精华素，一定要配合同系列的洗面奶、乳液、晚霜使用，而不能单独代替面霜使用。

对于皮肤较敏感的人来说，某些成分浓度过高的精华素也许会产生刺

激，因此不妨以功能性的精华素（尤其是果酸类）配合一般的基础护理品（清洁、滋润型）使用。对于健康肤质的人而言，皮肤的吸收能力终归有限，也不宜将多款精华素叠加。当然，你可以早晚分别使用不同的精华素以获得更好的护理效果，如在日间选择抗氧化类精华素，在夜间选用修复类产品。

害人指数：★

坊间流言 37：长期使用祛斑产品，能快速消斑

“偏方”小公开：面部肌肤一旦出现斑点，无疑给肌肤美丽工程蒙上阴影，祛斑便成了头等大事。于是就需要快快使用各种不同的祛斑产品。

“偏方”困扰：真的有快速有效的祛斑产品吗？

“偏方”大揭底：现在一些化妆品的广告就是利用JMS（姐妹们）想要彻底去除面部斑点的急切心理而大肆宣传一些能快速祛斑的产品。但是，面部色斑是一个病因复杂的慢性病，是不可能被很快根治的！迫切想要祛斑的MM（美眉）们一定要了解以下五点，及时修正你的祛斑误区：

1. 速效祛斑的产品危害大。能瞬间祛斑的产品里必定含有漂白成分，短期内漂白肌肤，使肤色看起来白了很多，暂时压制了黑斑在皮肤表面出现。另外，强行快速祛斑通常是通过剥去皮肤表皮外层的保护膜，即剥去了肌肤的天然保护外衣，肌肤细胞的红血球也遭到了漂白成分的破坏，致使新陈代谢功能衰退、黑色素沉积、角质层变薄，肌肤的状况会变得更糟。

2. 祛斑产品应当在晚上使用。祛斑产品都含有光感性物质，遇光会加重对皮肤的刺激，引起过敏、发红等美容问题，导致肌肤脆弱、敏感，所以祛斑产品一定要在晚间使用。

3. 面部色斑的形成与人体内分泌息息相关，所以如果只是想从肌肤保养品上得到祛斑的绝对功效，本身就是不可能的，如果不是内调外治同步进行，根本谈不上有效消斑。而且斑的种类不同，祛斑的方法、产品、效

果也不相同。如果你的斑点属于表浅斑，例如雀斑、肝斑、晒斑、老人斑及发炎后的色素沉积，由于这些斑点的黑色素大多集中于肌肤表皮，所以可以借由祛斑护肤品的代谢、阻断、还原等作用将黑色素去除，只要方法得宜，基本上是有可能将小而不明显的斑点去除，或者让斑点的颜色变浅，面积变小。而如果是已经沉积于真皮组织的黑色素斑点，例如颧骨母斑以及太田式母斑，就不太可能由祛斑护肤品来改善了。

4. 含金属成分和过量香精的祛斑产品危害大。一些快速祛斑的祛斑产品通常含金属成分，如铅、汞等，会对人体造成不可修复的伤害。也有的祛斑产品为了消除中草药成分中的异味而添加了众多香料，这些化学成分具有吸光的作用，很容易引起皮肤的黑色团。

5. 祛斑产品容易变质，需要妥善保管。一些人不知道祛斑产品很容易在高温下变质，外出经常把护肤品丢在车后排座上，致使祛斑产品高温变质。使用变质的产品后皮肤会发痒，一见光，色斑会更加显著。

害人指数：★★★★

坊间流言38：轻薄质地的护肤品是夏季首选

“偏方”小公开：夏季，MM（美眉）们尤其青睐质地轻薄的护肤品，因为它们涂了后能迅速彻底地被肌肤吸收，感觉也很清爽。

“偏方”困扰：在肌肤没有负担的同时，对于那些急需营养补给和格外需要保护的肌肤来说，营养和保护的力度明显不足。

“偏方”大揭底：长期只用轻薄的护肤品，很容易造成皮肤的营养不良，或因缺水导致皮肤干燥。更何况看似清爽的啫喱产品同样使用了大量的基质，如果基质品质不够好的话，照样会引起肌肤毛孔堵塞、敏感等问题。

害人指数：★★★

坊间流言 39：干性皮肤就用补油的精华素，油性皮肤就用补水的精华素

“偏方”小公开：精华素是所有美容产品中浓度最高、同时声称功效最为显著的一种保养品。

“偏方”困扰：提起精华素，一位朋友说，那可是几年前出国时必为女友捎回来的宝贝，有那么几粒就了不得了。现在的精华素花样频出，早已不是几年前颗粒状的胶囊了。精华素量少而精，价格也较贵。它真的像传说中那么有效吗?

“偏方”大揭底：精华素被称为藏在玻璃瓶中的调皮仙女，大家都知道她手中握着点仙棒，但复杂的使用程序以及层出不穷的此类产品，令很多人感觉困惑。事实上，真正好的精华素是油而不腻的。如果你是干性皮肤，应选用具备保湿成分、油性较高的精华素，这类精华素用后能在皮肤表层形成一道保护性的油膜，防止水分蒸发，起到很好的补水、锁水效果；中性肤质的人可以涂抹一些自身需要的各类精华素，如美白、去痘、除皱等精华素；油性肌肤则要选用能够紧肤、控制油脂分泌、收缩毛孔的精华素，如植物精华液。

另外，不同功效的精华素适合于不同性质的肌肤。修护精华素，重在强化肌肤的天然抵抗力，抵御外界环境的侵害，让肌肤尽快恢复正常，适合干性、敏感性肌肤或晦暗无光的肌肤。

抗衰老精华素，重在防止面部细纹的产生和修复已生成的细纹，适合30岁以上的JMS（姐妹们）使用，如果是极干性的肌肤应提早使用。

美白精华素，重在美白、淡斑、均匀肤色，但不建议JMS（姐妹们）长期使用，因为长期使用，细胞的反应就不再灵敏，效果也不会明显，歇息一段时间后再使用效果更好。另外，敏感性肌肤的MM（美眉）要谨慎选用美白精华素，选购前一定要做皮肤测试。

保湿精华素，重在补水、锁水，适合于各种肤质的MM（美眉），但也有极少数敏感肌肤的MM（美眉）会出现过敏反应。

害人指数：★

坊间流言40：一旦停止定期的美容护理，皮肤会变得更糟

“偏方”小公开：在美容院做美容是美容师帮你操作的，这个时候你处在一个放松状态，吸收效果是很好的，而且专业手法配合眼部的穴位点按也可以缓解眼部疲劳。美容的功效只能延缓衰老，做美容和不做的区别就在于，做的话，肌肤至少可以比自己的实际年龄衰老得缓慢一点；不做的话，肌肤就会跟自己的实际年龄同步衰老。

“偏方”困扰：上网看了一下，有人说在美容院做护理不能停，一停就会长出更多皱纹，这是真的吗？

“偏方”大揭底：有人不愿做美容，并非纯粹是怕花钱，而是担心一旦没时间再去护理，皮肤会比以前更糟。要判断这种思想正确与否，首先要分析一下全套皮肤护理的功效。全套皮肤护理中最主要的两个程序是按摩和做面膜。按摩的作用是促进面部血液循环，增强新陈代谢；调节皮脂分泌，使面部脂肪层保持正常的厚度与弹性，令皮肤柔软、干净、润泽；排除瘀积在皮下组织中的水分，延缓皱纹的出现，令人精神焕发。按摩完毕，整张脸的活力也调动起来了。这时将根据皮肤的性质选择相应的面膜，使皮肤细胞直接从面膜中得到营养。

一旦停止定期做美容，你的脸会感到不舒服，这很自然，因为你已习惯了具有活力的脸部肌肤。

害人指数：★

坊间流言 41：为了达到最好的美容效果，必须使用整套的护肤产品

“偏方”小公开：经常听到美容专柜的店员如此推荐吧？听上去似乎很有道理。

“偏方”困扰：谎言听一百遍，也快成真理了，但这道理到底对不对呢？

“偏方”大揭底：这是一个很典型的销售技巧，就好像告诉消费者，要使除皱霜发挥作用，必须使用同一品牌的洗面奶，否则效果就不会好。但事实上，基本的肌肤保养步骤，真的没有哪一家公司的某款产品独特到其他产品完全无法取代。况且每一家公司都有一些不足的产品，有的含有刺激性物质，有的防晒能力不足，有的会使皮肤含水量过度饱和，用同一家公司所有的产品不见得会达到最好的效果。

害人指数：★★★

坊间流言 42：越贵的产品越好，因为里面的成分比别的品牌高级

“偏方”小公开：护肤产品价格越贵，科技含量越高，成分用得越讲究，效果自然越好。很多MM（美眉）都是这一流言的拥护者，并不是虚荣心作祟，而是有切身体会的。

“偏方”困扰：难道便宜真的没好货吗？

“偏方”大揭底：这个推论，如果你指的是手提包、床单什么的，也许不会有错。但这个推论却不适用于皮肤保养品。事实上，全世界化妆品原料供应商就那么几家，他们面对的是所有化妆品厂商。也就是说，化妆品公司的原料等级大同小异。举例来说，杜邦公司是全世界最大的果酸供货商，他们供应了化妆品工业中果酸需求的百分之九十九以上，因此市面上所有含有果酸的原料等级基本都相同。价格的决定因素基本与成分无关，而主

要是与包装、运输、宣传推广、柜台费、店员薪水等息息相关。

害人指数：★★★

坊间流言 43：适合油性和混合性肌肤的保湿产品不能含有油脂

“偏方”小公开：谁也不想当大“油田”，于是但凡有偏方就得试试。

“偏方”困扰：怎么判断含不含油脂呢？

“偏方”大揭底：只含水分不含油分的护肤品不具备保湿效果，我们涂完化妆水之后，需要立刻涂上乳液就是这个道理。而乳液，就算再清爽，也含有油脂，只不过这些成分不见得是植物油或矿物油这些熟悉的油脂，而是一些平常我们没听过的油脂。不含油脂不代表就是好产品，有油腻感觉的护肤品也未见得真会堵塞毛孔。

害人指数：★★

坊间流言 44：凡士林是石油提炼的，会对皮肤有害

“偏方”小公开：不知从什么时候起，这一流言突然就成了拒买凡士林的理由，认为凡士林的化学合成成分是从石油提炼出来的，对皮肤有害。

“偏方”困扰：到底矿物油会不会对皮肤造成伤害呢？

“偏方”大揭底：真的有些不理解这一流言是怎么风行起来的，究其原因，还是那些标榜纯天然的护肤品牌说出来的。至今，我没看过完全由天然成分制造的产品，有很多化学合成的成分对皮肤相当有益，每一款化妆品公司的产品都含有化学合成的成分。

化学合成的成分最初也是自然界的物质，例如矿物油和凡士林是提炼

汽油的副产品，汽油的原料是原油，原油是古代水生植物与动物埋在地底下几百万年所形成的。

矿物油和凡士林是非常好的保养品成分，化妆品化学家认为它们是最上等的保湿原料，而且对皮肤无害。虽然有人认为它们可能会阻塞毛孔，然而它们对皮肤的害处尚未证实。

不知道出于什么原因，矿物油和凡士林一直受到天然化妆品爱好者的排斥，对于干性皮肤来说，最好还是使用含有矿物油或凡士林成分的保湿产品，而不是植物萃取物的产品。

坊间流言 45：治疗粉刺的药都很伤皮肤

“偏方”小公开：许多 MM（美眉）都听说过这一传言——治疗粉刺的药都很伤皮肤，副作用太多，以至于畏首畏尾，不敢使用皮肤科的医生开出的药品。

“偏方”困扰：到底治疗痘痘的药会不会伤害皮肤呢？

“偏方”大揭底：这是有些美容院为了留住客人最常用的手法。事实上，治疗痘痘的药除了可能有点刺激或导致脱皮外，几乎没有其他副作用，只要按照医生的指示使用即可。所以，要相信正规医院的皮肤科医生，他们有更多的专业知识。治疗粉刺除了积极遵从医嘱治疗外，还要注重日常生活中的一般治疗，以预防粉刺的出现和加重。一是要保持愉快的心情和规律的生活，因为情绪不良、生活不规律会引起或加重痤疮；二是不吸烟，不喝酒，特别是不饮烈性酒，不喝浓咖啡和浓茶，还要少食辛辣刺激食物，少食糖果及高脂食物，多吃蔬菜水果，保持大便通畅；三是局部护理方面尤其要注意不要挤压皮疹，注意面部清洁，油性皮肤用碱性稍大的香皂，干性皮肤用碱性低些的香皂或洗面乳；四是有脓疱或囊肿时，洗脸不要过于用力，以免使皮肤破溃。

第四章
解读商家宣传语

现在市场上美颜品的种类繁多，在全力吸引消费者眼球的同时，皮肤保养与美容的信息层出不穷。广大消费者对这些新鲜的概念以及词汇一知半解，会不理性地购买并不适合自己肌肤的产品。

而且一拿到冗长的产品成分列表，消费者也一定会是一头雾水，从而忽略这些重要的产品信息。

下面先举一个例子，让大家来看看那些化妆品厂商最常用来吸引消费者的广告语到底是怎样的。

某品牌的美白精华，宣传中的产品成分：

功效 1：更加针对情绪压力。加入了 Ellagic acid（鞣花酸）的 Neuro White（智能愉悦美白），能够更有效地抵抗由情绪压力导致的色素沉积。

功效 2：针对由环境压力导致的黑色素。Mela-NO Complex 专门针对角质细胞，而甘草精华则集中于黑色素细胞，从而抵抗环境压力（如紫外线、自由基和污染）引起的色素沉积。

功效 3：瞬间提亮肤色。山毛榉精华可以将黑色素细胞表皮剥离，使皮肤立刻变得光亮、清澈。

看过厂家的一面之词，我们再来看看真实的产品成分表：

Aqua / Water：水

Butylene Glycol：丁二醇

Glycerin：甘油（丙三醇）

Cyclopentasiloxane：聚硅氧化合物

Isononyl Isononanoate：蚕丝油

C13-14 Isoparaffin：异烷烃

Tocopheryl Acetate：醋酸盐维生素 E，抗氧化剂

Tocopheryl：维生素 E

Sodium Hyaluronate：透明质酸钠

Hydroxy-isohexyl3-cyclohexene Carboxaldehyde：羟基异己基 3- 环己基甲醛，香料

Stearic Acid：硬脂酸

Phenoxyethanol：保鲜剂

Stearyl Alcohol：硬脂醇，十八烷醇

PEG-100 Stearate：硬脂酸，表面活性剂

Fagus Sylvatica Extract / Fagussylva Ticabud Extract：山毛榉萃取液

Triethanolanine：三乙醇胺

Ellagic Acid：鞣花酸

Polyacrylamide：聚丙烯酰胺

Salicylic Acid：水杨酸

Poloxamer184：界面活性剂

Xanthan Gum：黄原胶，胶质基质

Benzyl Salicylate：水杨酸苄酯

Ginkgo Biloba / Ginkgo Biloba Leaf Extract：银杏萃取液

Linalool：芳樟醇

Peppermint Leaf Extract：薄荷叶萃取液

Alpha-Isomethylionone：α - 异甲基紫罗兰酮，香料

Myristyl Alcohol：肉豆蔻酸，乳化剂，稠化剂

Rosa Centifolia / Rosa Centifolia Flower Extract：玫瑰萃取液

Cetyl Alcohool：鲸蜡醇

Metylparaben：防腐剂

Tetraaodium Edta：螯合剂

Butylphenyl Methylpropional：丁基苯基甲基丙醛，香料

Laureth-7：月桂醇聚醚-7

Glyceryl Stearate：甘油硬脂酸

Glycine Soja / Soybean Oil：大豆油脂

Glycyrrhiza Glabra / Licorice Root Extract：甘草根萃取液

Parfum / Fragrance：香精

很长的一张列表吧，欧美以及我国的化妆品成分列表是按添加比例来呈现的，也就是说添加得越多越靠前。

另外，告诉JMS（姐妹们）一个看成分列表的方法，后面的一长串可以不用看，因为是一堆的防腐剂和香料。防腐剂是为了防止产品变质，香料是为了使产品更香而已。而开头一堆又一堆的合成酯和多元醇，可以帮我们判断该产品是油质还是水质。鉴于此款产品是精华液，所以从第二项就开始有重点了。

从厂家的宣传来看，这个美白精华液的卖点有三个：一是鞣花酸，二是甘草萃取液，三是山毛榉萃取液。鞣花酸和甘草萃取液都是公认的美白成分，在这款产品中萃取鞣花酸的含量比较靠前，一般规定浓度为0.5%，这时的确会产生效果。而甘草的位置就在倒数第二了，所以美白就会大打折扣，能不能发挥出应有的效果就很难说了，但是舒缓、抗敏作用还是可以体现的。至于山毛榉，一般认为山毛榉萃取液的作用与胶原蛋白类似，能使皮肤更细致更光滑，延缓细纹的产生，也有专家认为它能加强保湿作用。说到剥离角质层的作用，反倒是水杨酸更好些，一般美白产品中都会用它来实现这个目标，没有什么值得炫耀的。

其他成分，如甘油可以补水，维生素E可以起到抗氧化的作用。他们的位置靠前，客观上也会减缓黑色素形成的速度，然而这款产品添加的香料成分有点多。

总的来说，美白效果是否明显取决于鞣花酸，长期坚持使用会有均匀肤色的作用，但突出美白效果估计没什么希望。

通过上面的例子，我想说明的是，绝对不可以只通过广告宣传就盲目购买，我们需要擦亮自己的眼睛去辨别，去解读产品成分列表。

下面我们就从成分入手去解读产品的真正功效和商家宣传效果的差异吧。

保　湿

正解

护肤的基础是保湿，换句话说，肌肤只有具备了充足的水分，才可以进行其他方面的保养。保湿产品中到底有哪些成分可以帮助我们的皮肤保持水嫩？如何从密密麻麻的成分表中分辨出含有真正有效的王牌保湿成分的产品呢？

保湿成分分为水性与油性两种，不同肌肤在不同季节需要的保湿成分是不同的。

常见水性保湿成分：

甘油（Glycerin）：又称丙三醇，是最古老的天然成分保湿剂，也是最普遍的保湿剂。甘油针对的是角质层的润湿，对皮肤非常安全，不会引起皮肤敏感。我们把与甘油类似，具有相同保湿原理的保湿剂称为“多元醇”，如丁二醇、聚乙二醇、丙二醇、乙二醇、聚丙二醇、山梨糖醇等，它们的差别在于黏度不同。

市面上单一的甘油产品是用来防止手脚干裂的，使用时一定要记得，用完甘油后再搽上一层油性的霜来保湿。

玻尿酸（Hyalurcn Acid，简称 HA）：是一种透明质酸，保养成分中最强的保湿因子。玻尿酸以效果最优、价格最贵著称，广泛用于奢侈级保湿品，近年来在平价保湿品中也渐露身形。玻尿酸能够吸收自身 500 倍以上的水分，为弹力纤维和胶原纤维提供充足的水分环境，从而保持肌肤弹性和张力。

玻尿酸原本就存在于肌肤内，适当补充玻尿酸，不但能帮助肌肤从表层吸取大量水分，还能增强皮肤长时间的锁水能力。

尽管玻尿酸吸水能力惊人，但实验显示，3 小时后其保湿性能便会降低一半，因此也别忘了搭配使用锁水性能优良的乳液或面霜。

玻尿酸类产品大解析

添加比例：经常在市面上看到销售的玻尿酸原液。所谓“原液”，大多是指浓度为 5% 的玻尿酸。在此，建议那些笃信 DIY 的 MM（美眉）不要随便购买原料，就算是作为添加剂，浓度为 5% 的玻尿酸也绝不能直接涂在皮肤上。因为这样做不但达不到保湿的效果，反而可能从真皮层中吸收过多的水分，导致皮肤更加干燥。

使用感受：含有玻尿酸成分的化妆品使用于面部肌肤时一般会有一种黏黏的感觉，但很快就会被肌肤吸收，使毛孔明显变小。

有的 MM（美眉）也许会有紧绷的感觉，原因在于，玻尿酸并非有瘦脸的功效，而是它可以令肌肤充满水分，使皮肤紧实。

要特别注意的是，有的 MM（美眉）会对玻尿酸过敏，比如使用时皮肤起非常细小的红色疹子，并伴有麻痒或刺痛的感觉。倘若出现过敏反应，就应该立刻停止使用玻尿酸，不久后疹子就会自然消失。

性价比：作为最有效的保湿成分，玻尿酸价值不菲，一般在 1800 元 / 公斤左右。如果供应紧张，含有玻尿酸成分的护肤产品价格会迅速增长，所以含有玻尿酸成分且保湿效果好的护肤产品，价格必然不低。各位 MM（美眉）在挑选含有玻尿酸成分的产品时不要一味寻求低价，因为低价的产品要么玻尿酸含量偏低，要么根本不含玻尿酸成分，甚至可能是厂家用植物性玻尿酸以次充好。

天然保湿因子（Natural Moisturizing Factor）：一种含氨基酸、乳酸钠、尿素等成分的复合物，吸湿性极强，可以控制水分的蒸发。天然保湿因子与脂质双分子层形成“三明治”（即“水—油—水”）的结构，而脂质双分子层类似于膜结构。天然保湿因子的浓度影响渗透压，从而调节水经过皮

肤蒸发后的损失，使角质层保持一定的含水量。此外，它还可调节皮肤酸碱值，维持角质细胞正常运作。

天然保湿因子温和无刺激，补水、保湿效果显著，是保湿产品中必不可少的一个成分。

水解胶原蛋白（Hydrolyzed Collagen）：一种白色、不透明、无支链的纤维蛋白质，也是结缔组织极其重要的结构蛋白质。大分子的胶原蛋白不易被人体吸收，因此要以水解的方式处理成小分子量的胶原蛋白。弹力蛋白、丝蛋白、燕麦蛋白都属于水解胶原蛋白。

水解胶原蛋白与角质蛋白的氨基酸结构相似，具有良好的亲肤性，改善肤质的功能尤为突出。由于和构成皮肤角质层的物质结构相近，因此水解胶原蛋白能很快渗透进入皮肤，并与角质层中的水结合，形成一种网状结构，而且每个网格点上都可捕捉到一滴水，锁住水分。

该成分不仅是化妆品中很好的添加剂，也是美容保健品中的宠儿。但是在选择口服水解胶原蛋白时要注意以下两点：

1. 胶原蛋白的分子量越小越好：人体在吸收胶原蛋白时，分子量是非常关键的因素，胶原蛋白的分子量只有在低于3000道尔顿时，才适宜被人体吸收。

2. 胶原蛋白的数量越多越好：人体在每天的自我更新中会不断流失胶原蛋白，女性从20岁开始每天要流失5克，随着年龄的增长，这一数值还在不断增加。因此，每天摄取胶原蛋白的含量不应少于5克。

海藻萃取液（Laminaria Digtatitat）：海藻是世界上最古老的植物，无根，无花，也无果，但它却富含氨基酸、维生素和黏多糖，对皮肤有保湿、润滑和防皱的作用，还有一定抗菌、消炎和促进伤口愈合的作用。

吡咯烷酮羧酸钠（Sodium PCA）：人类皮肤固有的天然保湿成分，是真正的皮肤柔软剂。如果角质层中吡咯烷酮羧酸钠的含量减少，皮肤会变得干燥、粗糙。吡咯烷酮羧酸钠作为一种保湿剂，具有很好的抗静电性，使用时不会对皮肤造成伤害。但由于它是一种氨基酸，容易变质，所以购买了含有该成分的保湿产品后应妥善保存，或是尽快用完。

尿素（Urea）：皮肤新陈代谢的产物，对皮肤的软化、保湿及滋润效果奇佳。

维生素原 B_5（D-Panthenol）：一种渗透性很强的保湿剂，可直接浸润皮肤的角质层，是目前极流行的保湿剂。维生素原 B_5 使用起来没有油腻感，几乎不会给皮肤带来负担，对人体代谢机能至关重要。

泛醇（Panthenol）：能促进肌肤焕发光泽，具有保湿作用。

乳酸(Lactic Acid)：大自然中广泛存在的有机酸。无毒，可以使皮肤柔软、溶胀、增加弹性。乳酸另一个重要作用是调节皮肤的 pH 值和抑制细菌的繁殖。

甲壳素衍生物（Chitosan）：从甲壳纲动物外壳中提取的天然保湿剂，效果和透明质酸接近，是十分安全的保湿剂。

芦荟（Aloe Vera）：植物性的保湿剂。由于芦荟汁含有黏多糖（类似于透明质酸），因此芦荟有很好的润滑、保湿作用。此外，它还有防晒、消炎的作用。

水性保湿成分的软肋：即便人工模拟的肌肤天然保湿因子已经日臻完美，但它们仍会因为皮肤细胞的代谢损失掉。所以，它们单打独斗时保湿效果并不能持久。与油性保湿成分结合，就可以将锁水系统构筑得更加坚固，保湿也能更持久。

常见油性保湿成分：

凡士林(Vaseline)：从石油中提取的矿物油，锁水效果既好又安全。此外，凡士林性质稳定，使化妆品不易氧化变味。

荷荷巴油（Jojoba Oil）：取自西蒙得木果实。清爽、不油腻、无味、亲肤性佳，易于渗透，具有高保水性。其主要成分是不饱和高级醇和脂肪酸，有良好的稳定性，极易与皮肤融合。

小麦胚芽油(Wheat Germ Oil)：取自小麦胚芽，其中维生素 E(即生育酚)的含量非常高，是优质润肤剂，可保护细胞膜，并益于人体充分利用维生

素 A，对于保持皮肤洁净健康、抵御疾病感染有重要的作用。

角鲨烷（Squalane）：角鲨烷大量存在于深海产的鲨鱼肝脏中，经加工成为角鲨烷，又名“深海鲨鱼肝油”，其化学稳定性极高，属动物油脂，还可抑制霉菌的生长。

硅油（Silicone Oil）：20 世纪七八十年代发展起来的新一代油脂，其稳定性可以和凡士林相媲美，而且具有良好的抗静电性和透气性，可以使皮肤自由地呼吸，更加光滑富有弹性。

羊毛脂（Wool Fat）：羊毛脂和皮肤的亲和性非常好，可在皮肤表面形成一层光滑膜，延缓皮肤表层水分的挥发，使角质层闭合，起柔软皮肤、恢复弹性的作用，是一种很好的柔软剂。由于羊毛脂使用后比较油腻，化妆品中对羊毛脂的添加量不超过 5%。而且有的羊毛脂略有异味，如果添加量大了，还要加大量香精对它的气味进行掩盖。

米糠油（Rice Bran Oil）：取自糙米中的米糠，含有维生素 R 和维生素 E，医学上用于刺激血液循环和活化皮脂腺。米糠油还能吸收紫外线，防止油脂氧化变质以及阻止黑色素生成，多用于防皱、美白和防晒的产品。

酪梨油（Avocado Oil）：含不饱和脂肪酸、植物固醇、维生素 A 和维生素 E，可以柔润皮肤，保持皮肤弹性。

夏威夷核果油（Macadamia Nut Oil）：饱含棕榈烯酸（Palmitoletic Acid）及多种脂肪酸，无油腻感，可以保护细胞膜，有极佳的渗透性及滋润、保湿效果。

月见草油（Evening Primrose Oil）：含亚麻仁油酸（Linoleic Acid），具有柔润皮肤及保湿的作用。

琉璃苣油（Borage Oil）：含大量亚麻仁油酸，可以改善粗糙皮肤，为皮肤补充水分。

油性保湿成分的软肋：锁水的油脂依然是通过模拟技术制造的，例如植物油、矿物油、合成脂等，它们在增强肌肤保湿能力方面的贡献也有所不同。倘若修复有加，补水不足的话，皮肤依然会出现外油内干的状况。

抗老化

☻正解

女人对于抗老化的产品一向没有抵抗力，但是对于抗老化最重要的防晒功课却往往没有做，即使是现在开始使用防晒霜，也无法修复这么多年来阳光对皮肤造成的伤害。

市面上数千种产品都声称可以除皱、抗老化，它们的成分与配方各不相同，这些产品几乎没有任何的共通性。怎样识别真正具备抗老化功效的成分，就成为首要课题。

艾地苯（Idebenone）：最新一代的抗氧化物，能有效吞噬导致肌肤机体衰老的自由基，防护外来因素对肌肤的伤害，延缓肌肤胶原蛋白的流失，并提供肌肤新陈代谢所需的能量，让肌肤紧致、平滑。艾地苯分子量较辅酶 Q10 小 66%，对肌肤的穿透力更佳。该成分较左旋维生素 C 更稳定，较维生素 A 更温和。以上优点使艾地苯问世后立即成为抗老化保养的热门成分。

艾地苯、维生素 E、凯因庭、辅酶 Q10、左旋维生素 C、硫辛酸是市面上知名的 6 种抗氧化成分，抗老化总指数依序为 98、80、68、55、52、41。显而易见，艾地苯排列第一，无论在防止细胞晒伤、捕捉自由基、抗硫酸铜或低密度脂蛋白、保护细胞膜，还是抗紫外线 B 的刺激等方面都遥遥领先。

六胜肽（Argireline）：又称“六元胜肽”或“胜肽舒纹因子”，由 6 个氨基酸组合而成。六胜肽是多肽的一种，属于一种小分子蛋白质，与肉毒杆菌的作用原理相似。六胜肽能通过阻断神经传递，有效减少因脸部表情或老化现象而造成的细纹和皱纹，却完全不用担心注射肉毒杆菌所引起的副作用。而且，相对于胶原蛋白、弹力蛋白等大分子的蛋白质，小分子的六胜肽更易被肌肤吸收，这也是为何它作为新兴抗皱明星成分越来越为各大品牌所青睐的原因。

胶原蛋白（Collagen）：维持皮肤与肌肉弹性的主要成分。随着年龄增加，皮肤与肌肉中的水分不断减少，逐渐老化。此时，胶原蛋白纤维开始变得

更为细小，弹力蛋白的弹性也会减低，原先真皮层中胶原蛋白与弹力蛋白交互构成的有规则的网目结构逐渐崩解，最后导致皱纹的生成。所以补充胶原蛋白能使皮肤保持年轻，道理即在于此。

胶原蛋白被称为“骨中之骨,肤中之肤”,可以说是真皮层强有力的后盾，它对皮肤的作用不言而喻。胶原蛋白对皮肤的好处，具体表现在，真皮层中有丰满的胶原蛋白层,能将皮肤细胞撑起,兼顾保湿和抑制皱纹两种功效，舒展粗纹、淡化细纹。

多酚类物质（Polyphenol）：被称为“第七类营养素”。其主要活性成分为多酚类物质，多酚类化合物是对分子结构中有若干个酚性羟基植物成分的化合物的总称，包括黄酮类、单宁类、酚酸类以及花色苷类等。酚具有促进健康的作用，存在于一些常见的植物性食物中。

辅酶 Q10（Coenzyme Q10）：一种对人体健康很重要的辅酶，是人体内很好的天然抗氧化剂，能提高人体免疫力、抗氧化能力，减缓衰老速度。辅酶 Q10 可以被用来治疗冠心病、肝炎、肾病和糖尿病，对于某些癌症也有一定的治疗效果。辅酶 Q10 在体内主要作用于营养物质在线粒体内转化为能量的过程中。

氧化是导致皮肤老化的罪魁祸首，也是引发各种皮肤炎（包括皮肤发疹和湿疹）的祸根。自由基会侵袭皮肤内的胶原蛋白和弹性纤维，使皮肤失去弹性，变得松弛并出现皱纹；自由基也会导致肌肤出现色斑，且肤色不均。辅酶 Q10 是一种强效抗氧化剂,能抑制自由基侵害,使肌肤更显光泽，让你容光焕发、青春常驻。

美　白

正解

亚洲女性对美白的追求就像人类对光明的追求一样从未停止，美白陪伴着我们走过了太多和美丽有关的日子。然而，美白却是一项巨大的工程，只有把内在肤质调理好，根治影响美白的罪魁祸首——黑色素，肌肤才能由内而外展现真正的自然美白光彩。

每年各大品牌推出的美白新产品，无论是成分方面还是科技方面，都各有特色，让人眼花缭乱，无从选择。如何才能不被纷乱繁杂的美白广告迷惑？这里从美白成分入手，让你认清美白成分，选对美白产品。

从功能上看，各种美白成分可以分为四类：

1. 抑制黑色素的成分

常见的美白成分可以抑制黑色素的生成，具有很强的淡斑功效。

熊果苷（Arbutin）

主要功效：美白、保湿、去皱、消炎。

美白原理：减少黑色素积聚，预防雀斑、黄褐斑等色素沉积。

作用：抑制酪氨酸酶活性，抑制黑色素生成。

熊果苷，别名“杨梅苷”和“熊葡萄叶”，是从植物中提取的成分。熊果苷渗入皮肤后能有效抑制酪氨酸酶的活性，达到阻断黑色素形成的目的，减少黑色素积聚，预防雀斑、黄褐斑等色素沉积，产生独特的美白功效。在不影响细胞增殖的浓度范围内，熊果苷暂可以有效减少黑色素的形成，也就是说，它的安全性比较高。其抑制黑色素生成的效果强于曲酸和抗坏血酸。

熊果苷有良好的配伍性，能协助其他护肤成分更好地完成美白、保湿、去皱、消炎的工作。此外，熊果苷外用无毒、无刺激、无过敏，安全性好。

熊果苷在化妆品中的常用量为1%—3%。依照卫生署的规定，该成分如使用于美白产品，浓度最高可达7%。

曲酸（Kojic Acid）

主要功效：护肤、防晒、祛斑、美白。

美白原理：抑制黑色素生成，抑制发炎。

作用：螯合铜离子，抑制黑色素生成，抑制发炎。

在制作日本酒、酱油的原料中，含有一种能使肌肤白皙的成分——曲菌，也就是曲酸的主要成分。它能直接抑制酪氨酸酶的活性，使色素生成细胞麦拉宁色素代谢正常。因其能充分抑制麦拉宁色素，所以具有良好的美白功效。

曲酸是微生物在发酵过程中生成的天然产物，是酪氨酸酶抑制剂，抑制酪氨酸酶形成黑色素的生化过程。曲酸的复方制剂能抑制60%以上的短波紫外线活化的黑色素细胞，治疗黄褐斑连续用药3个月，有效率达70%—80%。曲酸在化妆品中的浓度为1%—2%。

曲酸一般从青霉、曲霉等丝状真菌中提取，是使用较为广泛的比较有效的成分。因为它比较容易氧化，含有该成分的护肤产品在开盖后应及时封闭，产品变黄就应停止使用。

甘草黄酮（Glycyrrhizic Flavone）

主要功效：美白、抗氧化、消除日晒后炎症。

美白原理：抑制酪氨酸酶的活性及其扩散速度，抑制黑色素和迪卡氧化酶的活性，快速美白。

甘草黄酮是从特定的甘草品种中提取的天然美白剂，能够较强地抑制酪氨酸酶活性，从而达到较好地去黄、美白、祛斑的作用。甘草黄酮可以清除氧自由基，具有较强的抗氧化能力。甘草黄酮还有很强的抑菌和杀菌能力，能够减轻皮肤受损后遗留下的疤痕性或非疤痕性的色素沉积。甘草黄酮对酪氨酸酶活性的抑制力强于熊果苷、曲酸、维生素C和氢醌，具抗氧化及快速的美白效能。

2. 抑制黑色素细胞活性

从黑素细胞转运到角质细胞。

维生素 B_3（Nicotinamide）

过去我们对维生素 B_3 的认识只限于它是人体必需的维生素之一。身体

若缺乏维生素 B_3 就容易产生新陈代谢缓慢的问题，或提早出现老化现象。有报告指出，维生素 B_3 可用于治疗青春痘，且不会有抗生素的副作用。美国辛辛那提医学院皮肤科的布瓦西，他将维生素 B_3 的衍生物置于黑色素细胞与角质细胞的共同培养皿中，经过一连串的实验刺激之后，发现它对黑色素的颗粒转送有接近九成的抑制力。此成分在最近几年常被用于美白产品中。

止血环酸（Tranexamic Acid）

主要功效：让老化肌肤被彻底激活，健康白皙。

美白原理：抑制黑色素活性，改善微发炎状态，并起到抗氧化的作用。

止血环酸，又名“传明酸”，是最新的美白成分。它是一种蛋白酶抑制剂，能抑制蛋白酶对肽键水解的催化作用，从而阻止发炎性蛋白酶的活性，进而抑制黑斑部位的表皮细胞机能的混乱，并且抑制黑色素增强因子群，再彻底断绝紫外线照射这一黑色素形成的过程。也就是说，止血环酸可以让黑斑不再变浓、扩大及增加，从而有效防止和改善皮肤的色素沉积。这类美白成分和经常被使用的维生素 C 衍生物及其他植物萃取相比较，除了是一种抗氧化剂之外，它们具有更高的稳定性，不受环境以及传输系统的影响，更可直接阻碍黑色素细胞活性化，改善黑色素活性化因子群的活跃状态。

止血环酸在护肤品中的最高浓度为 3%。

3. 淡化黑色素

皮肤变黑产生斑点，本身是肌肤氧化的过程。此类美白产品就是把已经氧化了的过程再还原回去，抑制黑色素的氧化反应，让肌肤逐渐透白。

左旋维生素 C 衍生物（L-ascorbic Acid）

主要功效：抗氧化、净化肌肤、增强肌肤弹性、减淡皱纹等“全方位效能”。

美白原理：将深色的黑色素还原成为浅色的黑色素，抑制中间体生成黑色素。

衍生物：被广泛应用的左旋维生素C有三种，其稳定性由高到低依次为磷酸镁盐、苷糖、磷酸钠盐。其中，磷酸镁盐（Magnesium Ascorbyl Phosphate，简称MAP）浓度限量为3%；苷糖（Ascorbyl Glucoside，简称AAG）浓度限量为2%；磷酸钠盐（Sodium Ascorbyl Phosphate，简称SAP）浓度限量为3%。

左旋维生素C是最早用在美白品中的代表性添加剂之一，其安全性很好，但稳定性较差。如果不加保护，该成分会在膏霜中很快失去活性。为了稳定它，人们想出了各种办法，如利用橙子肉中的果胶保持天然活性，直到涂敷到皮肤上时，果胶被破坏才将其释放出来。

维生素C分为左旋和右旋两种，不过肌肤细胞比较“偏爱”左旋分子，因此左旋维生素C就成为近年来大受欢迎的美容成分，不少皮肤科医师也相当青睐它。左旋维生素C的功效包括抗氧化、净化肌肤、增强肌肤弹性、减淡皱纹等“全方位效能”，因此，很多护肤品中都有它的踪迹。

鞣花酸（Ellagic Acid）

主要功效：抗氧化。

美白原理：阻隔酪氨酸酶的活性化，预防晒黑。

鞣花酸属于多酚的一种，存在于苹果、尤加利、牛扁、草莓、蓝莓、葡萄、绿茶、胡桃等植物中。这个成分除了可阻隔酪氨酸酶的活性化，抑制麦拉宁色素的生成之外，是比熊果苷和曲酸更安定更有效的美白成分，特别的是它还有个“预防晒黑”的作用。

此外，鞣花酸还具有抗氧化的作用，其浓度限量是0.5%。

洋甘菊萃取液（Chamomile Extract）

主要功效：抗氧化、镇定舒缓。

美白原理:抑制黑色素生成，减少紫外线照射表皮细胞后所致的色素沉积。

洋甘菊萃取除了可以抑制黑色素生成之外，还有很好的抗发炎、镇定舒缓的作用，添加在美白产品中有一定的加分作用。

洋甘菊萃取的浓度限量是 0.5%。

4. 代谢黑色素

像剥开鸡蛋壳一样，剥落肌肤过多的角质层，从而把黑色素从皮肤上带走，让肌肤新生。

果酸（Alpha Hydroxy Acid）

主要功效: 去角质、去细纹、令肌肤光滑白皙。

美白原理: 淡化表皮色素。

果酸是从水果中提炼的一种有机酸，其中又以提炼于甘蔗的甘醇酸效果最佳，目前最常被使用。果酸在去除过度角化的角质层后，刺激新细胞的生长，同时有助于去除脸部细纹，淡化表皮色素，使皮肤变得更柔软、白皙、光滑且富有弹性。

因为来源不一样，有的说明书中也称之为葡萄精华、苹果精华。一般来说，美白产品中只允许使用 3%以下低浓度的果酸，中等浓度的果酸用来祛斑，20%以上高浓度的果酸只能在专业人员的指导下用来焕肤。

果酸一出现，对它安全性的争论就没有停止过。不少人使用果酸产品后出现过敏问题，而使用果酸后皮肤会对紫外线更加敏感也是公认的。

接下来，我们从广告宣传语中一一解读那些吸引眼球的文字吧。

纯天然

“天然”这两个字似乎更能引起消费者的关注，但天然成分并不能保证

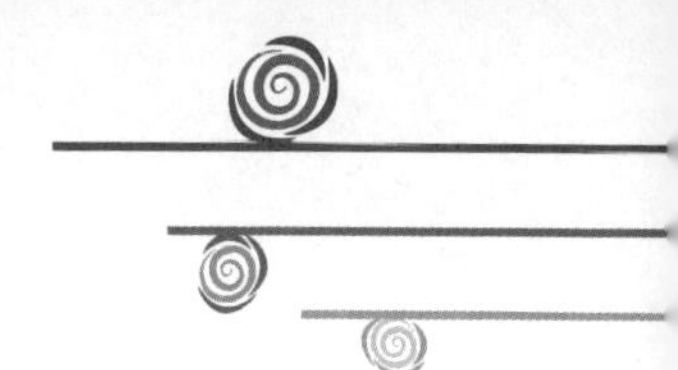

产品是安全或有效的。

这个名词用在化妆品中，只能表明产品成分来自植物或有机物，而不是人工合成的。并不像消费者从字面臆断的那样，纯天然就都是从植物中提取出来的，没有经过防腐、稳定等化学处理。

要知道，天然的东西不经过提取处理直接用于肌肤表面，很容易造成肌肤过敏反应。而不经过防腐、稳定等化学处理，这些产品在还没有走出生产车间时就已经开始变质了。

这个术语具有非常高的营销价值，但是在医学上没有任何意义。因为至今为止，也没有令人信服的研究可以证实“天然成分”比人工合成的成分更有益于皮肤。而且，天然成分的安全性只是相对的，某些常用的天然成分，如薄荷、迷迭香等就具有一定的刺激性，而柠檬、薰衣草等会不同程度地引起光敏感反应。此外，天然物质的分子比较大，不容易被皮肤吸收，这就是为什么使用新鲜蔬果 DIY 外敷时，很难保证效果的原因。

不含防腐剂

☺ 正解

这绝对是谎言！

“不含防腐剂”成为一些化妆品品牌的行销术语，消费者对此类产品趋之若鹜。“不含防腐剂”对消费者的吸引力不亚于“绝不含化学成分的纯植物性配方”。消费者普遍认为，不含防腐剂的保养品对皮肤是最好的。

但是，化妆品是以多种原料共同构成的。每一种原料的来源都不相同，而这些原料被送到化妆品制造厂之前，其实就已经各自添加过防腐剂了。原料商可不想冒原料变质遭遇退货的风险。就算化妆品制造商自己没有添加防腐剂，检验后也绝对会验出各式各样不同浓度的防腐剂。

品牌所声称的不含防腐剂，其诚信范围，仅仅限于他们在制造的过程中没有使用防腐剂，却无法担保原料内不存在防腐剂。

但品牌制造时，只靠原料含有的防腐剂，其效力是不足以照顾到终端产品的。不论是哪个品牌，大家都承担不起产品变质被退货的商誉冲击。明确地说，厂商比消费者更怕卖出的商品坏掉！因此，不得不用某种明确有效的手段，来阻止微生物滋生。

防腐剂的作用就是要阻止微生物滋生，合理地延长产品的保存期，确保产品在使用期间不会因为污染而变质。

化妆品要防腐，必须避免一次性污染（指各式各样的原料、水质、制造环境、包装充填设备、产品容器和作业流程中的污染），还要防范二次性污染（如产品在储存、运输过程、使用过程中造成的污染）。

退一万步讲，就算是真有愿意耗资数十亿元建设无菌生产环境的厂商，其完成的产品真的符合不含防腐剂的理想要求，并以超严格的配送控制将这世上稀有的珍品送到消费者的手上，那么消费者开封后就必须马上用光，否则过不了几天，这个“珍品”就会因为接触环境被污染而滋生微生物了。对消费者来说，“不含防腐剂”是选购该品牌的理由之一，但这不等于可以接受产品提早发生变质的现象。

目前宣称“不含防腐剂”的品牌，经常运用防腐替代方案，以微生物无法生存的溶剂来替代防腐剂的使用，例如酒精、多元醇素。具有抑菌效果的多元醇应用得最多，例如 1，2- 戊二醇（1，2-Pentanediol）和 1，2- 己二醇（1，2-Hexanediol）。这种多元醇，目前没有被列入防腐剂范围，而是定义为保湿剂、渗透助剂。添加量在 5% 左右，就具有明显的防腐效果。所以，大多品牌拿这样的成分替代防腐剂，并声称无防腐配方。

但这类成分的抑菌效果较差，开封后使用期间的污染较难避免。开封后的环境与密封的环境，有非常大的不同。为了确保产品的使用安全，尽早使用完开封的化妆品是必须养成的习惯。

防腐剂对肌肤是有害的，这一点无须辩解。化妆品中防腐剂的添加，是加与不加两害相权取其轻的做法。也就是说，不使用防腐剂的化妆品有更多不确定的风险，将埋下更大的安全隐患。所以，世界各国的法规规范的是可以使用于化妆品的防腐剂种类，以及各种防腐剂的用法与用量，而

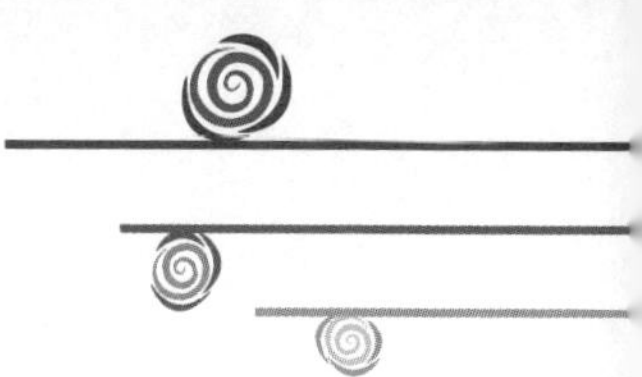

非鼓励不用或禁用。

不含酒精

☻正解

一般是指产品不含变性酒精、普通酒精、甲醇、苯甲醇、异丙醇或乙醇，这些成分都类似于谷物酒精，对皮肤有强烈的干燥和刺激作用。不过，很多化妆品都会添加特别的“酒精”成分，如鲸蜡醇、硬脂醇等，这些脂肪醇成分的作用与刺激皮肤的谷物酒精完全不同。一般来说，刺激物含量越大，刺激性越明显，但如果谷物类酒精列在成分表末尾的防腐剂前后，那就不太会刺激皮肤。有些化妆品强调不含酒精，其实就是强调产品性质温和罢了。

在这里也要为酒精正名一下。很多人会把产品是否含酒精当作是否使用这款产品的主要依据，事实上在许多情况下，人们错误地理解了酒精。酒精是一种常用成分，在护肤品中常作为溶剂使用。酒精既可以起到稳定植物活性成分的作用，又可以清理皮肤角质，帮助肌肤代谢，还可以作为芳香产品、调色产品和收敛产品的基质成分。

护肤品中含适量酒精，会对皮肤起到镇定消毒的作用，但建议敏感性皮肤不要使用。所以若您的皮肤并不太敏感，请不要排斥含酒精的护肤品。

酒精可以清洁皮肤表层的死皮细胞，它的神奇之处在于可以改善各种类型的肌肤，帮助干燥的肌肤更好地吸收滋润成分，让混合性肌肤看起来爽洁健康、色泽均匀。对油性肌肤而言，它可以清洁毛孔，防止堵塞，有效减退暗疮留下的疤痕。洁肤水中的酒精则是清洁皮层的关键成分，而且对晒后修复具有重要作用，它能快速从肌肤表面挥发，让肌肤感觉清凉爽快，帮助发炎的肌肤降温，安抚肌肤。

不含香料

☻正解

原本这是用来告诉消费者，护肤产品不含香精或芳香性成分，但事实上未必如此。许多护肤产品都会选用芳香型植物提取物，所以可能导致皮肤因受刺激而引发过敏反应或光毒反应（加剧阳光伤害）。

不管是天然的还是合成的香料，都不属于有益肌肤的成分。此外，芳香成分（如芳香的植物油或芳香的植物提取物）也有可能被添加到“不含香料”的化妆品中，来掩盖其他成分的难闻气味，因此“不含香料”也可能是指产品没有明显的香味，其实却添加了芳香性成分。无论是哪一种情况，由于“不含香料”这个术语不受食品和药物管理局的监管，所以列在产品标签上也没有意义。

许多MM（美眉），特别是肌肤比较敏感的MM（美眉）都偏向选择不含香料的护肤品，以为这类产品性质更温和、更适合敏感肌，殊不知许多产品已经添加了芳香性成分。因此，JMS（姐妹们）在购买产品时，最好还是看一下产品成分表。

去除皮肤衰老因子，促进皮肤自然修护

正解

听起来很动人，但是这种产品唯一特别的地方是具有防晒功效。防晒的确对皮肤有帮助，但是没有办法做到广告中声称的除皱。而且这样的产品防晒功效并不好，它们只含有防护UVB的成分，却没有防护UVA的成分，而UVA才是造成皮肤癌与老化的紫外线。

阳光伤害和其他伤害一样，如果没有持续伤害皮肤，皮肤会自己启动修复功能。如果产品中不含有阿伏苯宗（Avobenzone）、二氧化钛或氧化锌，这个产品是无法防护UVA的，产品中必须含有这些成分才能使皮肤避免受到持续性的伤害。

说到促进皮肤修护，这是一个有趣的广告噱头。任何保湿剂都可以促进皮肤修护，但是其他产品是否能透过其他的机制来帮助皮肤修护，仍待实验证实，因为目前宣称可以除皱的研究报告都是来自于化妆品制造商。

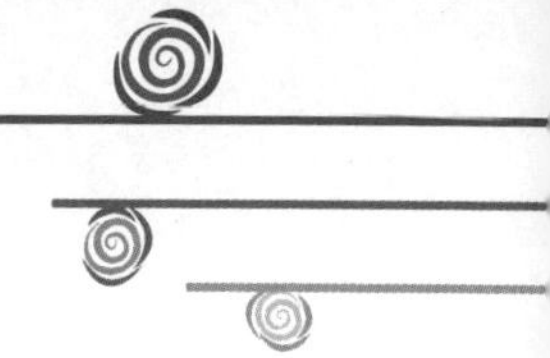

最类似人体皮肤的油脂

☺正解

油脂是皮肤的组成之一，它可分为两部分，一部分来自皮脂腺，另一部分则存在于皮肤细胞之间。使用类似皮肤油脂的产品，对皮肤来说很不错。但是其他的成分，包括甘油、多元醇、玻尿酸与神经酰胺（Ceramide）也有这样的效果，几乎每一款保湿产品都是由这些成分以不同比例构成的。

舒缓肌肤的植物成分

☺正解

化妆品中含有的营养成分其实都是微乎其微的，你从它们的成分列表中可以看出，有些商家拿来大夸特夸的成分一般都位于成分表中的后面。要知道，成分列表上顺序越靠后的，成分含量越少。就算里面真的含有广告中所说的那些成分，也代表不了什么，因为能被皮肤吸收的微乎其微。的确，优秀的植物护肤品能温和而循序渐进地改善肤质，运用植物的纯净生命力来调动肌肤自身的活力。有些植物成分可以舒缓皮肤，例如绿茶、可乐树萃取物、柳叶菜、洋甘菊、甘草根、牛蒡等。但也有很多植物成分会刺激皮肤或阻塞毛孔，例如柠檬、草莓、薰衣草油、荷荷巴等。声称可以舒缓皮肤却含有刺激性物质的产品多得不胜枚举，MM（美眉）们选购时一定要擦亮眼睛。

独立的测试报告显示

☺正解

询问某款产品的制造商是否可以出示一份独立的测试报告，但他们说这是商业机密，不能外流出去。如果真的是机密，那何必引用这些测试报告呢？真正的独立测试报告就像科学研究一样会对大众公开。一个没有说明谁负责测试的研究，化妆品公司却总是引用来作为自己的研究结果，而这些研究结果从未在科学期刊上发表过，也没有经过独立的研究者确认。

所以不要把所谓的化妆品“独立的测试报告显示”当真。

很快地，表情皱纹看起来改善了

☻ **正解**

广告里说的“看起来改善了”和你所想象的根本是两回事。干燥的皮肤外观上会有一些“小细纹”，使用保湿护肤品后，干燥的皮肤绝对可以看起来更光滑，但是到了第二天效果就不见了。保湿并不能让我们去除皱纹，只是使皱纹变得不明显。因此，广告中不直接说可以去除皱纹，反而说皱纹“看起来”改善了。任何保湿产品都可以做这样的夸大广告。

小细纹消失了

☻ **正解**

广告里一般所谓的“小细纹”，指的是皮肤干燥所引起的暂时性纹路，而不是阳光伤害所造成的“细纹”。由于皮肤干燥所引起的“小细纹”一使用含有保湿成分的产品就不见了，因此它并不是消费者最急于去除的永久性皱纹。而笑纹、抬头纹与皱眉纹等表情性皱纹是无法用保湿产品去除的。所以消除“小细纹”会误导大众，因为它所指的并不是大家最关心的那些不能永久性去除的表情性皱纹。

今天使用，明天变年轻

☻ **正解**

明天变年轻是什么意思？消费者或许会以为明天就可以看到一个更年轻的自己，但实际上仅仅是消费者主观上认为自己变年轻了而已。

现在大家都知道自由基对皮肤有害，但是很少有人知道自由基是什么以及它为什么对皮肤有害。事实上，护肤品是使用在皮肤表面的东西，我们仍然无从得知这些护肤品是否能去除自由基而减少皱纹，也不知道需要多少抗自由基成分以及效果可以维持多久。

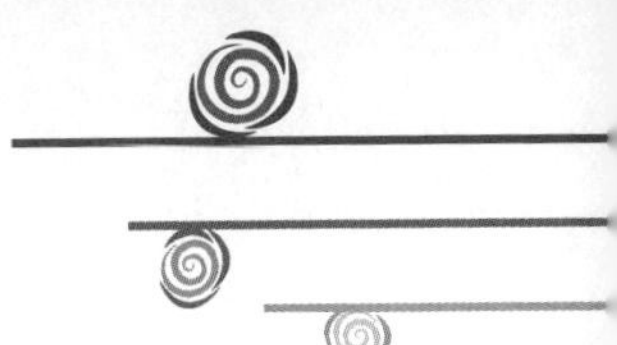

理论上，抗氧化物是去除自由基的成分，但是宣称有明显的效果仅仅是营销手法而已。

明显的皮肤紧实效果，并有实验证明

☻正解

“强效瘦脸”“本产品对紧实肌肤有明显效用”，这样的化妆品宣传用语对很多女性消费者来说，再熟悉不过了。许多化妆品商家为了吸引顾客消费，纷纷打出了这样的宣传用语——在30天内可以减少细纹、紧实皮肤，让毛孔看起来变小，皮肤的色泽均匀并且更有弹性等。但是，其产品实验里并没有说明皮肤在哪方面获得改善，也没有提到和其他产品比较的结果，谁来负责评估皮肤的改善程度亦没有注明。很明显，这个实验是产品的包装而已！

黑眼圈似乎消失了

☻正解

又是“似乎”！目前并没有立竿见影消除黑眼圈和眼袋的产品。干燥的皮肤会让黑眼圈和眼袋看起来更明显，但是，只要在眼睛周围使用保湿产品就可以让黑眼圈和眼袋“似乎”消失了。事实上，黑眼圈的形成是眼睛周围较薄的皮肤底下血液微循环不畅所致，通过充足睡眠就能改善。因为睡眠充足，机体自身会加快微循环来为身体各部分输送营养，带走废物，同时也就改善了黑眼圈的情况。所以，你可以顺应这一原理来护理眼周肌肤。

夜间修护

☻正解

曾有一款晚霜，其广告语宣称可以促进皮肤再生，修护白天皮肤所受到的伤害。其实只要搽上任何一款保湿产品，都可以让皮肤更光滑，看起来更健康，但效果都是暂时性的。如果可以改变细胞再生的方式，就不会

有皱纹，也不会有阳光伤害和皮肤癌。这些广告其实就是在打心理战术，把效果吹得神乎其神，吸引消费者购买，并造成心理暗示让消费者用后感觉真的有效果。

滋养微珠释放维生素与矿物质

☻正解

我们没有办法从皮肤表面给皮肤营养，如要滋养皮肤，维生素和矿物质必须由口摄入，经过消化，与其他营养素结合，最后才转换成皮肤与身体可以利用的形式。有些维生素具有抗氧化的功能，但抗氧化的功能并不是这些维生素所独有的，“微珠”听起来像是一种特别的药物输送系统，可以将维生素与矿物质送进皮肤，但事实上它不过是小水珠罢了。

先进的专利技术

☻正解

不知道 JMS（姐妹们）是否有过切身的体会，许多护肤产品的广告宣传都做得很好，可是买回来之后却发现效果并不像广告中说的那样明显，甚至还会给肌肤带来反效果，每当遇到这种情况都会郁闷很久，原本为了改善肌肤大败金钱，没料到浪费钱也就算了，还伤害到肌肤，真的令人很伤心。化妆品一贯标榜的“先进专利技术”，是它们最爱的误导消费者的宣传手段。专利是指可以制造某些成分或配方的权利，或者将既存的成分或配方使用在某些特定场合的权利。专利不代表效果，化妆品公司也可以为很烂的配方申请专利，只要是别的厂家没有的。大部分化妆品公司都拥有几千种专利，但拥有专利的产品不见得是最先进的。

微锁定皮肤凝胶，重建皮肤本色

☻正解

“微锁定”是一个很有创意的词，听起来好像这个产品的作用会锁定在

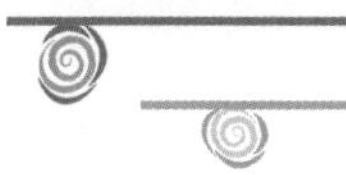

肌肤需要的部位。如果眼睛周围有皱纹，它只会在眼睛周围发挥作用，对其他部位的皮肤不会有任何影响。在这个广告中并没有说明“微锁定”代表什么意思，所以厂商可以用它来代表任何天马行空的概念。

促进皮肤血液循环

正解

在皮肤上擦拭任何产品皆可以促进血液循环，然而促进血液循环的并不是产品本身，而是手指在皮肤上搓揉的动作。因此，要促进皮肤血液循环，只要做皮肤按摩即可。具体做法如下：

1. 定期进行面部按摩，有条件的可做面膜倒膜，以促进皮肤血液循环，调节皮脂分泌，保持皮肤水分，改善皮肤弹性，防止皱纹形成。

2. 冷水浴可促进皮肤血液循环和新陈代谢，改善皮肤的营养状态，同时提高皮肤适应外界环境变化的能力。

3. 维生素 E 具有抗氧化、促进新陈代谢、改善皮肤血液循环、维持毛细血管正常通透性、防止皮肤老化和衰老的作用。缺乏维生素 E 会引起皮肤粗糙、老化。

4. 保持心态乐观、心情愉快、思想开朗可使副交感神经处于兴奋状态，使血管扩张，皮肤血流量增加，皮肤代谢旺盛，肤色红润，容光焕发。生活起居要有规律，对喜怒哀乐要有节制，使自主神经处于稳定状态，保证肌肤有充足的血液和营养的供给，保持肤色和功能正常。

穿透皮肤表层，利用气球效应将皮肤由下往上推起，进而减少皱纹

正解

这是一个需要花很多时间才能解读的句子。看了某款产品的成分之后，发现其唯一的作用是刺激皮肤，使皮肤肿胀，而皮肤肿胀可以暂时性地减少皱纹。当然，广告并不会提到皮肤科医师对于刺激性产品的警告。刺激性产

品会伤害皮肤，最后使皱纹问题变得更严重。换句话说，很多产品宣称可以减少皱纹，但是长期使用反而会让皱纹变得更明显。

穿透皮肤深层

☻正解

"穿透"也是一个容易让人兴奋却不精确的字眼，任何成分只要分子够小，便可以穿透皮肤，但是化妆品成分的分子大多很大，没有办法穿透皮肤。"皮肤深层"这个术语也是化妆品公司用来混淆消费者判断的手法，事实上"皮肤深层"的位置非常浅，所以当某产品宣称可以穿透"皮肤深层"时，也不过是在皮肤表层而已。

促进皮肤恢复年轻

☻正解

这是一款产品的广告语，但是消费者应该知道，如果不晒太阳、不抽烟、不刺激皮肤，我们的皮肤能自行恢复一定程度内的年轻。如果持续伤害皮肤，皮肤则会失去了恢复年轻的机会。可笑的是，该产品并不含有防晒的成分，也没有关于抽烟和其他刺激性物质会造成皮肤老化的警语。说得再直接点，皮肤要想恢复年轻，靠护肤品是没有用的，护肤品最多只能延缓肌肤的老化。

深层洁净

☻正解

这个广告词一直让人搞不懂，所谓"深层洁净"到底是多深？如果某款产品可以做到"很深层"的洁净，去除所有黑头、粉刺的话，那么也将会造成皮肤受伤出血。换句话说，如果"深层洁净"指的是"彻底清洁"，那该产品应该不错。但对化妆品公司给消费者灌输的"深层洁净"可以清除粉刺的错误观念，大家一定要提高警惕。有很多方法可以溶解黑头粉刺，但这个"深层洁净"并不在列。

有机化妆品

正解

如同有机食品一样，标明“有机”二字的化妆品一面世，就立即受到推崇，以至于很多无良厂商浑水摸鱼，美化自己的产品。

目前我国并没有有机化妆品的相关标准，对其定位也没有明确规定。国际上对于有机化妆品的认证标准也并未统一。虽然标准没有统一，但有机化妆品还是有它独到之处的。

有机化妆品以有机植物为主要原料，不添加人工香料、人工色素，不含石油成分，所添加的防腐剂及表面活性剂必须受到严格限制，且制造过程需符合相关规定，不能使用动物实验及利用放射线杀菌的产品。更为重要的一点是，有机化妆品的原料要求在培养、生产、萃取、制作的环境（如土壤）及过程中，不受基因变种及人工化学添加剂的影响。另外，有机化妆品还富含多种养分，包括维生素、抗氧化物、微量元素及重要的有机物质，如氨基酸、脂肪酸等，这类物质有助于维持肌肤的重要功能，有益于人体健康。有机化妆品可以说是安全有效的，是孕妇的首选。

对于有机化妆品成分的含量，国际上还没有统一的标准，但是对于其不含什么，却有明确的规定：

1. 不含任何动物成分；
2. 不含任何人造活性成分；
3. 不含任何化学活效成分；
4. 不含汞、铅等重金属；
5. 不含矿物油；
6. 不含任何防腐剂；
7. 不含任何基因改造的元素；
8. 不含任何经辐射处理的物质；
9. 不含任何激素；
10. 不含任何人造香料；

11. 不含气味中和剂；

12. 不含任何人造维生素；

13. 不含非天然色彩；

14. 不含海沙或其他水晶物质；

15. 不含会堵塞毛孔的粉状成分。

低敏感性或适合敏感皮肤

☻ 正解

记得一本书上说："这两个术语暗示消费者不会有过敏反应，但这种说法没有意义，因为不存在判断产品会不会造成皮肤过敏的标准，任何化妆品公司都可以随意使用这两个术语。由于没有明确的定义和标准，化妆品公司在使用这些术语时并不需要研究报告来证实。"

这话说得有些偏激了，虽然确实没有明确的定义和标准，但是标明这两个术语的产品至少可以做到低敏感，这又是为什么呢？其实这也是添加的成分决定的，如果你是敏感性肌肤，在挑选产品时应该选择有以下成分的产品。

山楂萃取液（Hawthorn Extract）：其中含有类黄碱素物质，可作用于静脉组织，降低血管壁的穿透力，强化微血管壁，促进血液流动，防止血管扩张，并可防止或消除浮肿现象。

银杏萃取液（Ginkgo Extract）：是帮助血液循环的物质，可治疗血液循环不良的毛病。同时也是一种抗氧化剂，可减少自由基对皮肤的伤害，因此可以预防皮肤的敏感反应，尤其是光敏感反应。

甘草萃取液及甘草酸（Glycyrrhiza Extract、Licorice Extract）：具有抗发炎的作用，还能预防皮肤受到刺激时过敏。

洋甘菊萃取液（Chamomile Extract）：特别是油性洋甘菊萃取液中含有的甜没药及甘菊蓝这两种成分，具有良好的抗发炎功效，可以防止皮肤的敏感反应。

芦荟萃取液（Aloe Extract）：对皮肤的晒伤、烫伤有舒缓及镇静作用，

也常被添加于抗敏感刺激的化妆品里。

葡萄寡糖（Glucosamine Oligosaccharides）：新的抗敏感成分，可以被皮肤的有益菌分解，作为营养成分吸收，有助于皮肤的生物平衡。

甘菊蓝（Azulene）和甜没药（Bisabolol）：甜没药是由洋甘菊萃取液中取得的成分，具有抗菌性，与甘菊蓝同具抗过敏功效。这两种成分都具有镇定、消炎及提升肌肤自身免疫的功能。

神经酰胺（Ceramide）：化学系抗敏成分的最新宠儿。神经酰胺本来就存在于人体皮肤中，是一种细胞间脂，就好比砌墙的水泥一样，帮助表皮细胞一个一个紧密健康地接合，预防肌肤干燥、抵抗力下降，帮助肌肤锁水，维持正常的代谢。但随着年龄和肌肤的变化，神经酰胺在体内减少，使皮肤变得干燥，而干燥又会导致肌肤敏感和老化。补充流失的神经酰胺，就能强化皮肤抗敏和抗刺激的能力。神经酰胺之所以变成热门成分，因为它不止针对敏感性肌肤，还有抗老化、保湿等功效。

纳米技术和纳米化妆品

☻ 正解

“纳米”这个词一经出现便成为高科技的代名词。不论什么产品，只要戴上这顶桂冠，就能趾高气扬，招摇过市。在美容的竞技场中，纳米成为挽救青春的有力武器，被广泛运用于化妆品的广告宣传中。

从理论上来说，如果能够使化妆品的分子小到纳米级的话，那么纳米化妆品的渗透力将是很可观的。要知道，涂抹任何产品，都需要皮肤吸收才能产生效果。皮肤的表皮就像一堵墙，一个个细胞就像一块块砖头。这些细胞之间有缝隙，只要被吸收的物质足够小，就能够渗透进去。

纳米化妆品在各大顶级品牌厂商中也仍处于研制阶段，所以并未有真正意义上的纳米化妆品上市。所以要请消费者擦亮眼睛，不要被这些噱头干扰。

这里也要说明一点，虽然纳米化妆品还没有研发出来，但是纳米技术在化妆品领域是有所应用的。要知道，纳米是一种几何尺寸的度量单位，1纳米为百万分之一毫米。自从扫描隧道显微镜发明后，世界上便诞生了一门以0.1至100纳米这样的尺度为研究对象的前沿学科，这就是纳米科技。

护肤品中的一些有效成分被加工成纳米级的规格，但并不是所有的护肤成分都可以“纳米化”。

现阶段运用到纳米技术的原料有以下3类：

1. 纳米物理防晒剂与纳米金属抗菌粒子：常见防晒剂有纳米氧化锌、纳米二氧化钛等，它们尺寸较小，在有效阻挡紫外线的同时，能够透过可见光，使皮肤更加自然，消除涂层感，但有尺寸效应、光催化等副作用。纳米尺寸的铜和银粒子具有良好的抗菌性能，可作为化妆品添加剂或在包装材料中使用。

2. 微乳液的制备：制备方法较为简单，是热力学稳定体系，可以长期储藏而不分层。微乳液具有良好的增溶作用，可以制成含油分较高的产品。此外，微乳液颗粒细小，拥有超低的界面张力和较强的渗透能力，更易扩散和渗透，从而提高有效成分的利用率。

3. 聚合物活性物质纳米粒子的制备：将聚合物纳米包覆技术应用于化妆品领域，得到的活性物质纳米粒子具有穿透力强、缓释效果好、不易流失、保护敏感成分（酶制剂、防晒剂、维生素E、维生素C、维生素A、辅酶Q10等）的优良特性。常用材料有氰基丙烯酸酯、聚己酸酯、聚乳酸、羟基乙酸共聚物、两亲性嵌段共聚物、脂质体、海藻酸钠、壳聚糖等，其中脂质体和壳聚糖更加普遍。

细胞再生

☻ 正解

很多化妆品的说明或是广告宣传语中都有“细胞再生，恢复肌肤弹性”这样的话语。

这里要告诉大家一个事实，这并不完全是虚假广告。有些化妆品里的

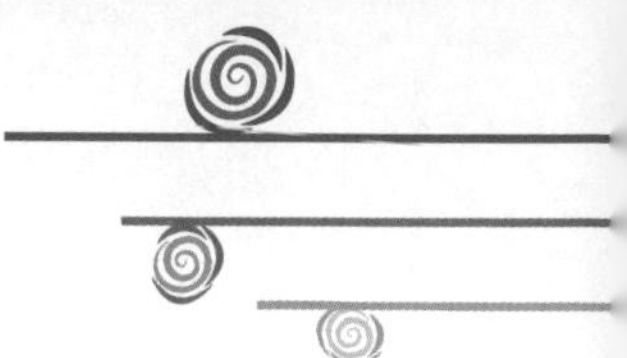

物质确实能够加速细胞的新陈代谢，保持细胞的鲜嫩，让皮肤变得光滑细腻。但需要注意的是，细胞的更新不是永久的，它有次数的限制，依靠化妆品加速细胞代谢，是在透支细胞的生命。我们注意到，很多明星到了中老年比普通人老得更快，就是这个原因——皮肤细胞的生命提前结束了，不能够再产生新的细胞了。她们拥有的只是暂时的靓丽而已。

皮肤有7层细胞，而且始终保持着7层细胞。大约10天左右，皮肤的最底层会生长出一层新的细胞，相应地，最上面的一层细胞就会脱落。

细胞的老化是自然规律，人的皮肤从20岁至25岁起就进入了自然老化状态。随着年龄的增长，皮肤中胶原蛋白、弹力蛋白、糖蛋白、黏多糖及胆固醇分子的量均有不同程度的下降。无论采取何种材质的化妆品，皮肤细胞的这些运动本身是不可能停止的。因此，皮肤的老化也是不可避免的。只是，由于基因的缘故，细胞的生命周期不一样，所以才会出现有人老得快、有人老得慢的现象。

肌肤排毒

正解

皮肤排毒是一种不科学至少是不严谨的说法。因为，人体能排毒的器官只有肝脏、肾脏和淋巴系统。皮肤跟汗腺里没有毒素，何来排毒一说？如果皮肤里真有“毒素”，为什么从来没有人指明这些“毒素”是什么物质？

肌肤排毒只是一个拿中医“排毒”当噱头的护肤概念，中医说法中的毒指的是瘀血、痰湿、寒气、食积、气郁等堆积在五脏六腑的毒素。而肌肤排毒中提到的只是促进消炎、代谢等，并不是什么真的毒素。

城市空气污染、长期电脑工作、熬夜加班等城市女性生活现状，让越来越多的MM（美眉）肌肤晦涩无光、暗黄无比。于是就有MM（美眉）认为，这是肌肤中毒的现象，于是陷入肌肤排毒的陷阱，想通过所谓的肌肤排毒挽救暗黄肌肤。

恶劣的生活现状与不当的肌肤保养会让肌肤陷入缺水危机，严重缺水的肌肤看起来就会暗黄无光，将这种问题归结为肌肤中毒，很明显是不当的。商家偷换的正是保湿与排毒的概念，甚至有打着排毒的旗号欺骗消费者的嫌疑。

还有人把痘痘当作肌肤中毒的症状，以为那些打着排毒的产品就能有效去痘。然而痘痘主要是内分泌失调引起的,外用护肤品难以起到本质作用。

打着肌肤排毒的去痘产品也仅仅是个幌子，说到底只起到消炎的作用。不能说该产品没效，但它起到的并不是排毒之效。

更有厂家打出了“肌肤排毒抗衰老”的口号，热卖的排毒护肤品一般强调的是“纯植物”，富含“矿物质”，有净化、排污、排毒功效，很显然，这并不是排毒，仅仅是肌肤的代谢。将肌肤的代谢偷换为“肌肤排毒”的概念，明显具有欺骗性，又怎能排毒，怎能抗衰老!

第五章
流行成分大起底

挑选适合自己的化妆品，或是判断一款产品的优劣，不能只听店员的介绍，更不能全部相信广告宣传，我们需要了解一些化妆品的有效成分和基本成分。

这里按照生物与化学功能分为两大类。生物功能分为美白、保湿、抗衰老、防晒、治痘、控油、抗敏、消炎、滋润、修复、去角质等十一类；化学功能又分为基质、表面活性剂、乳化剂、油脂剂、防腐剂、色素等七类。此外，还有其他类供 MM（美眉）们参考。

生物功能

A. 美　白

1. Apple Extract 苹果萃取液，含有维生素 C 等美容成分，另有爽肤、镇静、消毒作用。

2. Arbutin 熊果素，淡化已形成的黑色素，能安定自由基、避免肌肤老化，是卫生署公布的有效美白成分之一。

3. Ascorbyl Glucoside（AA2G）维生素 C 糖苷，维生素 C 衍生物，卫生署公布的有效美白成分之一。

4. Ascorbyl Plmitate 维生素 C 棕榈酸酯，一种脂溶性维生素 C，是安定的维生素 C。

5. Ascorbyl Stearate 酯化 C，是安定的维生素 C。

6. Bearberry Extract 熊果萃取液，含食子单宁、葡萄糖苷等成分，具有收敛、杀菌、消毒、美白等功效。

7. Bletilla Striata Reichenbach Extract 白芨萃取液，含天然维生素 C，可减少黑色素沉积。

8. Citrus Extract 柑橘萃取液，含有维生素 C，具有防菌效果，可以控制油脂分泌，防止雀斑、黑斑的形成。

9. Coix Seed 薏米，预防黑色素沉淀。

10. Cucumber Extract 小黄瓜萃取液，含丰富维生素 C，保湿、滋润、美白、活化肌肤。

11. Dichloroacetic Acid 二氯醋酸，刺激麦拉宁色素由角质层剥落。

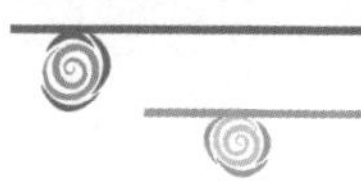

12. Elde 接骨木，温和、紧肤、美白、祛斑，还能舒缓颜面神经紧张和肌肉僵硬。

13. Hydroquinone（HQ）对苯二酚，高效美白祛斑成分，被列为管制药物。

14. Kohakuhi 桑白皮，白皙肌肤，淡化斑点。

15. Kojic Acid 曲酸，抑制黑色素形成，使麦拉宁色素代谢正常，卫生署公布的有效美白成分之一。

16. Lemon Extract 柠檬萃取液，美白、滋润、抗炎。

17. Magnesium Ascorbyl Phosphate（MAP）又名 Vc-PMG，维生素 C 磷酸酯镁，维生素 C 衍生物，具有美白功效，为卫生署公布的有效美白成分之一。

18. Melawhite 美拉白，抑制黑色素沉积，淡化色斑。

19. Milk Protein 牛奶蛋白，保湿、美白。

20. Pearl Powder 珍珠粉，含有 18 种对人体有益的氨基酸，具有美白、润肤、修护的效果。

21. Phylloquinone 维生素 K_1，去瘀，可用来去除黑眼圈。

22. Placental Protein 胎盘蛋白，刺激麦拉宁色素由角质层剥落。

23. Plantain 车前草，含熊果素，淡斑、美白。

24. Radix Angelicae Dahuricae 白芷，美白、保湿，供给皮肤养分。

25. Rose Essence Oil 玫瑰精油，美白、保湿。

26. Rose Extract 玫瑰萃取液，保湿、防皱、美白、软化、收敛、舒缓、抗老，给深层细胞补充水分，防止皮肤干燥，促进女性激素分泌。

27. Rose Hip 玫瑰果油，富含维生素 C，美白、滋润肌肤。

28. Vitamin C 维生素 C，美白、抗斑。

29. Vitamin K 维生素 K，帮助血液循环，淡化黑眼圈。

30. Yogurt 酸奶，修护、美白。

B. 保　湿

1. Algisium C 甘露糖醛酯硅烷醇 C，一种生物保湿剂，可以修护肌肤并更新暗沉的肤质，延缓老化的速度，其保湿效果可维持 8—12 小时。

2. Apricot Kernel Oil 杏仁油，富含矿物质和维生素，是天然的保湿剂，特别适合敏感性肤质。

3. Avocado Oil 鳄梨油，一种保湿剂，含大量维生素 A、维生素 C、维生素 D、维生素 E。

4. Bio-Collagen 生化胶原蛋白，具有保湿作用。

5. Butylene Glycol 丁二醇，具有保湿作用。

6. Carboxymethyl Chitin 羧甲基甲壳素，几丁质衍生物，来自虾蟹外壳，是一种高分子量的黏多糖体，具有保湿作用。

7. Carrageenan 卡拉胶，具有保湿作用。

8. Ceramide3 神经酰胺 3，一种保湿剂。

9. Ceramide 神经酰胺，天然保湿因子。

10. Collagen 胶原蛋白，可以支撑结缔组织，含有 19 种氨基酸，具有良好的吸水性，其主要功能是增加组织的韧性，并维持整体组织结构的完整性。外用主要功能为保湿。

11. Corallina Officalis 红藻，保湿作用。

12. Jojoba Extract 荷荷巴萃取液，保湿、预防皮肤松弛。

13. Glycerin 甘油（丙三醇），保湿、滋润肌肤。

14. Glyceryl Polymethacrylate 甘油聚甲基丙烯酸酯，润滑剂、保湿剂。

15. Hispagel 生化糖醛酸，保湿。

16. Hyaluronic Acid 玻尿酸（透明质酸），保湿剂。

17. Hydrolyzed Glycosaminoglycans 水解葡聚糖，滋润、保湿。

18. Hydrolyzed Protein 水解蛋白质，保湿、增加肌肤弹性。

19. Jojoba Ester 荷荷巴酯，滋润、保湿。

20. Jojoba Oil 荷荷巴油，滋润、保湿。

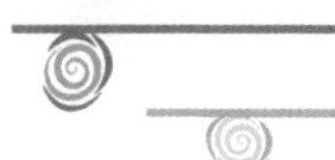

21. Lactic Acid 乳酸，角质软化及保湿功能。

22. Lecithin 卵磷脂，保湿及抗氧化功能。

23. Liposome 脂质体，结构与人体细胞类似，非常容易被人体吸收，同时不会引起副作用，可保湿、增加皮肤平滑性。

24. Luffa Cylindrica Extract 丝瓜萃取液，保湿、镇静。

25. Natural Moisturising Factor 天然保湿因子，为自然水溶性亲子基因子，用作保湿剂。

26. Octyl Palmitate 棕榈酸辛酯，有长效保湿功用，使肌肤柔嫩光滑。

27. Palmitoleic Acid 棕榈油酸，不饱和脂肪酸，能防止表皮水分流失，柔润皮肤。

28. Panthenol 维生素原 B_5（泛酰醇），保湿剂。

29. Pentavitin 泛维他，保湿剂。

30. Petrolatum 石蜡油（凡士林），润滑剂、保湿剂。

31. Propylene Glycol 丙二醇，丙烯甘醇保湿剂。

32. Pyrrolidone Carboxylic Acid（Sodium PCA）吡咯烷酮羧酸，角质素保湿。

33. Ricinoleic Acid 蓖麻油酸，润滑、保湿。

34. Saccharideisomerate 异构寡糖，一种植物性糖类聚合物，有保湿功效。

35. Seamollient 海藻黏多糖体，保湿剂。

36. Sodium Alginate 海藻胶，保湿剂。

37. Sodium Hyaluronate 玻璃酸钠，天然保湿因子。

38. Sodium Pyrolidone Carboxylate（NA-PCA）吡咯烷酮羧酸钠，为一自然水溶性亲子基因子，用作保湿剂。

39. Sorbitol 山梨醇，保湿剂。

40. Trehalose 海藻多糖体，具有保湿及柔软作用。

41. Urea 尿素，保湿、收敛。

42. Vitamin E 维生素 E，抗自由基、天然保存剂、保湿剂。

43. Vitamin F 维生素 F，保湿。

44. Wild Yam Extract 山药萃取液，具有修护、保湿及增加肌肤弹力功效。

45. Zostera Marina Pectin 海草胶，保湿。

46. β -Glucan β - 葡聚糖，滋养、保湿、预防老化。

C．抗衰老

1. Adenosine Triphos Phate 三磷酸腺苷，使皮肤正常代谢。

2. Albumin 白蛋白，水溶性蛋白质，为中性，是一种酵素。

3. Alpha Lipoic Acid 脂肪酸或硫辛酸，抗氧化。

4. Alpha Tocopheryl α - 生育酚，维生素 E，抗氧化。

5. Amniotic Fluid 羊膜液，富含肌肤所需的氨基酸。

6. Angelica Sinensis Diels Extract 当归萃取液，具有行气活血功效，可促进毛细血管血液循环。

7. Ascorbic Acid 抗坏血酸，维生素 C，抗氧化。

8. Astragalus Membranaceus（Fisch）Bunge Extract 膜荚黄芪萃取液，提高肌肤活力，效果比人参更佳。

9. Bio-Enzyme 酵素酶，促进细胞新陈代谢。

10. Biocatalyst 酵素，促进细胞新陈代谢。

11. Biopeptide 生物活性肽，刺激胶原蛋白合成，预防老化，帮助组织重建。

12. Biopeptides 双性缩胺酸，促进胶原蛋白、弹力蛋白的产生，改善皮肤松弛。

13. Calcium Pantothenate 泛酸钙，维生素 B_5，抗氧化，促进代谢。

14. Camellia Sinensis Extract 山茶萃取液，含茶多酚，可抗氧化。

15. Carrot Oil 胡萝卜油，可促使伤口愈合、镇痛、滋养、消毒、抗老化。

16. Carthamus Tinctorius L. Extract 红花萃取液，活化肌肤。

17. Centella Asiatica 积雪草，紧实肌肤、增加弹性。

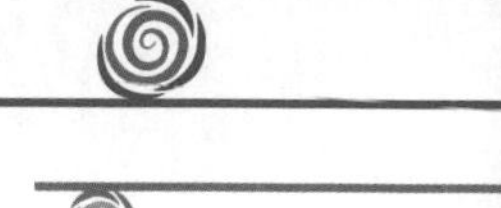

18. Coenzyme Q10（CO-Q10）辅酶 Q10，抗氧化，可以消灭自由基，维持细胞膜的完整和稳定。

19. Cyanocobalamin 维生素 B_{12}（氰钴胺），促进细胞代谢。

20. DNA（Deoxyribonucleic Acid）脱氧核糖核酸，促进新陈代谢、保湿、预防老化。

21. Edera Extract 常春藤萃取液，具有抗氧化作用，代谢废物、排泄毒素。

22. Elastin 弹力素，增加弹性、保湿。

23. Ergocalciferol 维生素 D_2，骨化醇，刺激细胞再生。

24. Ethylene 乙烯，一种植物性激素，可促进细胞活化。

25. Evening Primerose Oil 月见草油（夜樱草油），促进肌肤血液循环并保湿。

26. Fennel 茴香，对清洁、紧肤、防止毛孔粗大、防皱有很好的效果，并可排出多余的水分与无法吸收的代谢物。

27. Ferulic Acid 阿魏酸，抗氧化。

28. Ginger 姜，促进细胞生长、活化肌肤。

29. Ginkgo Biloba Leaf Extract 银杏叶萃取液，抗氧化、抗紫外线、增加血液循环、促进细胞再生。

30. Ginkgo Biloba 银杏，预防细胞老化，促进新陈代谢，并可达白皙效果。

31. Ginseng Extract 人参萃取液，具有滋养、消除疲劳、预防皱纹、促进血液循环等功效。

32. Glycoproteins 糖蛋白，增强细胞修复、代谢能力。

33. Grape Seed Extract 葡萄籽萃取液，含高成分葡萄多酚，具有预防自由基及细胞氧化的功能。

34. Grape Seed Oil 葡萄籽油，富含维生素、矿物质及蛋白质，抗氧化的效果是维生素 C 的 20 倍、维生素 E 的 50 倍。

35. Hazel Leaves 榛叶，促进血液循环，提升细胞含氧量，辅助肌肤代谢，增强肌肤的免疫功能。

36. Helichryse Extract 永久花萃取液，促进细胞再生。

37. Horsetail Extract 木贼萃取液，促进肌肤细胞中胶原蛋白的合成。

38. Hydrolyzed Collagen Protein 水解胶原蛋白，维持肌肤紧实及弹性，分子比胶原蛋白小，较易被皮肤吸收。

39. Iso-Flavones 植物性激素（异黄素），延缓肌肤老化，减少细纹产生。

40. Kiwi 奇异果，内含多种维生素，可使肌肤白皙，活化细胞。

41. L-Ascorbic Acid 左旋维生素 C，有抗氧化作用。

42. Ligusticum Chuanxiong Hort Extract 川芎萃取液，促进细胞代谢。

43. Lime Extract 青柠树萃取液，含丰富的植物氨基酸，能活化细胞组织及再生能力。

44. Lipase 脂肪酶，促进肌肤新陈代谢。

45. Macadamia Nut Oil 澳洲胡桃油，对皮肤的血液循环及毒素排出有一定的效果，能防止自由基生成，抗老化，防紫外线。

46. Mallow Extract 锦葵萃取液，含丰富的植物氨基酸，能活化肌肤细胞组织。

47. Mulberry Extract 桑葚萃取液，含氨基酸及黄碱素，能捕捉自由基，对于肌肤有抗氧化及促进白皙的作用。

48. Oligo Extract 寡糖萃取液，促进肌肤新陈代谢。

49. Paeonia Suffruticosa Root Extract 牡丹根萃取液，促进血液循环。

50. Palmaria Palmata 掌状红皮藻萃取液，可促进微血管循环，去除水肿。

51. Papaya Enzyme 木瓜酵素，清除代谢老废的角质细胞，促进细胞组织更新。

52. Phenolicacid 酚酸，抗氧化剂。

53. Phytoplacenta（Phyto-Placentol）植物胎盘素，预防老化，活化细胞弹力。

54. Pinecone Extract 松果萃取液，可促进肌肤的血液循环及增加细胞

的携氧量。

55. Placentol (Placenta) 胎盘素，提供各种肌肤所需的氨基酸、弹力蛋白，使肌肤富有弹性。

56. Polyglucuronic Acid 聚多糖酸，防止老化，促进新陈代谢。

57. Polygonum Multiflorum Thunb Extract 何首乌萃取液，增加血液循环，活络细胞。

58. Proteinase 蛋白酶，活化疲乏细胞。

59. Pyridoxine HCI 维生素 B_6，是一种共同酵素，增加代谢。

60. Serum Protein 血清蛋白，促进细胞再生，促使真皮层中纤维母细胞制造弹力蛋白。

61. Silicon Oil 硅油，防氧化，对肌肤无刺激，添加于保养品中，浓度为 1%—5%，可改变皮肤的触感，增加柔软度。

62. Silk Protein 丝蛋白，活化细胞，增加肌肤弹性。

63. Sodium Ascorbate 抗坏血酸纳，维生素 C，抗氧化。

64. Soybean Protein 大豆蛋白，刺激细胞新生，产生胶原纤维及弹力纤维，增强肌肤支撑组织的弹性并紧实肌肤。

65. Sterocare 植物性激素，抗老化。

66. Thiamine Mononitrate (Thiamine HCI) 硝酸硫胺，维生素 B_1，促进代谢。

67. Thiostim 一种温和的含硫化合物，可以保护肌肤天然酵素免受氧化的伤害。

68. Tocopherol 生育酚，维生素 E，抗自由基，预防老化。

69. Tocopheryl Acetate 醋酸生育酚，维生素 E，抗氧化剂。

70. Wheat Germ Oil 小麦胚芽油，富含维生素 E，是天然抗氧化剂。

71. Wheat Protein 小麦蛋白，水解蛋白质，低敏感性，有抗氧化作用。

72. Yeast 酵素，含有碳水化合物、乳酸、重要的矿物质及维生素群，可以促进皮肤及黏膜的细胞机能，并能迅速分解污垢，促进肌肤新陈代谢。

D. 防　晒

1. Anthranilates 邻氨基苯甲酸酯，化学性防晒成分。

2. Avobenzone 阿伏苯宗，化学性防晒成分，属巴松 1789 类，防止罕见过敏反应。

3. $BaSO_4$ 硫酸钡，物理性防晒成分。

4. Benzophenones（Benzophenone-3）二苯甲酮衍生物，化学性防晒成分，可防御 UVA，属苯甲酮类。

5. Calcium Pantetheine Sulfonate 维生素 B_5 衍生物，为紫外线吸收剂（化学性防晒成分）。

6. Cinnamate 桂皮酸盐类，化学性防晒成分，也是目前公认的较安全的成分之一。

7. Cinoxate 西诺沙酯，化学性防晒成分，属桂皮酸盐类。

8. Dioxybenzone 二苯甲酮，化学性防晒成分，属苯甲酮类。

9. Ethylhexyl Methoxycinnamate 甲氧基肉桂酸乙基己酯，化学性防晒成分。

10. Glyceryl PABA 甘油对氨苯甲酸酯，化学性防晒成分，常致过敏反应，现多不被使用。

11. Homosalate 甲基水杨醇，化学性防晒成分，属水杨酸盐类。

12. Iniferine 婴宁弗林，一种抗自由基的天然复合物，能抗拒外来因素分子与铜离子结合，避免铜离子的氧化作用，从而防止黑色素形成。

13. Marshmallow Extract 药蜀葵萃取液，含黏质美容成分，可放松肌肤，缓解日晒后的各种不适现象。

14. Methyl Anthranilate 氨茴酸甲酯，化学性防晒成分。

15. Mexoryl 麦光素滤光环，化学性防晒成分。

16. Nicotinamide 烟碱酰胺，维生素 B_3 衍生物，防止皮肤对阳光有强烈的反应，修补阳光对皮肤造成的伤害。

17. Octylmethoxy Cinnamate 桂皮酸盐，化学性防晒成分，可防御 UVB。

18. Octyl Salicylate 水杨酸辛酯，化学性防晒成分。

19. Oxybenzone 二苯酮，化学性防晒成分，可防御 UVA，属苯甲酮类。

20. PadimateO 戊烷基二甲对氨基苯甲酸，化学性防晒成分，常致过敏反应，现多不被使用。

21. Para-aminobenzoic Acid 对氨基苯甲酸，紫外线吸收剂，化学防晒成分，主要是防 UVB，但容易引发过敏反应，现已极少使用。

22. Salicylates 水杨酸盐类，化学性防晒成分。

23. Sulisobenzone 磺异苯酮，化学性防晒成分，属苯甲酮类。

24. Talc 滑石粉，物理性防晒成分，为天然矿石萃取物。

25. Titanium Dioxide 二氧化钛，物理性防晒成分，可改善肤色。

26. Trolamine Salicylate 三乙醇胺水杨酸盐，化学性防晒成分。

27. Zinc Oxide 氧化锌，物理性防晒剂。

E. 治　痘

1. Acyclovir 阿昔洛韦，带状疱疹、水痘药物治疗成分，需医生处方。

2. Adapalene 类维生素 A 酸化合物，治疗痤疮有效成分，需医生处方。

3. Azelaic Acid 壬二酸（杜鹃花酸），抑制黑色素，抗菌消炎，用来治疗痤疮的温和成分。

4. Benzoyl Peroxide 过氧化苯盐，一种氧化剂，有抑菌效果，对引起青春痘的痤疮杆菌这种厌氧菌尤其有效。

5. Lappa Extract 牛蒡萃取液，预防粉刺、抗菌，抑制头皮屑生成。

6. Orange Essential Oil 橙橘精油，富含维生素 A、B 族维生素、维生素 C。

7. Retinoic Acid（Vitamin A Acid, Tretinoin）维生素 A 酸，具有去角质、促进代谢、调理油脂分泌的功能，可以改善、治疗青春痘和粉刺，但有光敏感性，白天最好不要使用。

8. Retinoids 维生素 A 酸，促进皮肤新陈代谢，减少粉刺，治疗暗疮，减少细纹。

9. Sulfur 硫黄剂，有消炎、干燥的功效，常用来治疗青春痘肌肤。

10. Sweet Almond Oil 甜杏仁油，含有维生素 D、维生素 E，对面疱有调理作用，还具有隔离紫外线的作用。

11. Trichlorosan 三氯硅烷，有杀菌的功效，常用来治疗青春痘。

12. Triclosan 玉洁纯（二氯生、三氯沙），抗菌，可抑制痤疮。

F. 控　油

1. Bay Extract 月桂萃取液，收敛毛孔，抑制油脂分泌。

2. Bentonite 膨润土（皂土），有很好的清洁和吸附效果，也具有抑制脸部油脂分泌的功效，用来调制面膜清洁皮肤，或是用作产品基质。

3. Bergamot Mint Extract 佛手柑萃取液，收敛毛孔，平衡油脂分泌。

4. Burdock Root Extract 牛蒡根萃取液，调节皮脂分泌，有收敛作用。

5. Citrus Dergamia 法国香柠檬，具有提神醒肤、消除肌肉疲劳以及收敛毛孔等作用。

6. Grapefruit Essential Oil 葡萄柚精油，调节皮脂分泌，具有良好的流动性，可增加体内水分代谢。

7. Lime Fruit Extract 青柠果萃取液，平衡油脂分泌。

8. Melissa Extract香蜂草萃取液，平衡肌肤油水，增强抵抗力，预防感染。

9. Montmorillonite（green）绿土，可吸收过多油脂，达到收敛、抗菌及消炎等作用。

10. Musk Extract 麝香萃取液，减少油脂分泌，收缩粗大毛孔，柔细肌肤。

11. Polyvinyl Alcohol 聚乙烯醇，一种高分子聚合胶，属植物性胶体，可吸附深层毛孔中的污垢，去除粉刺，控油。

12. Sage Extract 鼠尾草萃取液，收敛、消炎、镇静，平衡油脂，促进细胞再生。

13. Witch Hazel Extract 金缕梅萃取液，消炎，去红肿，平衡油脂分泌。

14. Yarrow Extract 蓍草萃取液，平衡油脂，促进细胞再生。

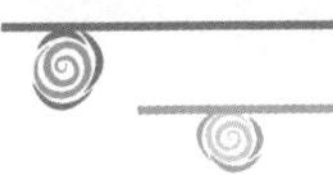

15. Ylang-Ylang Essential Oil 依兰精油，平衡油脂分泌，适合油性肌肤使用。

G. 抗　敏

1. Aloe Extract 芦荟萃取液，镇静、保湿、滋润、抗敏、去红肿。

2. Aminocaproic Acid 氨基己酸，预防肌肤过敏。

3. Ammonium Glycyrrhizate 甘草酸胺，保湿、预防过敏。

4. Angelica 当归，含天然维生素 C，有预防敏感作用。

5. Angiosperm Extract 被子植物萃取液，具有防止发炎及抗过敏功效。

6. Bisabolol 甜没药醇，防刺激剂，提取自洋甘菊。

7. Calendula Extract 金盏花萃取液，具有舒缓、安抚敏感性肌肤等功效。

8. Camphor 樟树，抗痒，防过敏。

9. Chamomile Oil 洋甘菊油，抗自由基，舒缓肌肤。

10. Chamomile Extract 洋甘菊萃取液，含丰富的甘菊蓝，具有防止皮肤发炎的功效，也具有清洁、安定肌肤的效果。

11. Comfrey Extract 紫草萃取液，含尿囊素，具有舒缓皮肤、刺激细胞生长的功效。

12. Common Licorice Extract 甘草萃取液，抗敏、镇静、去红肿。

13. Dipotassium Glycyrrhiziate 甘草酸钾，预防过敏。

14. Euphrasia Officinalis Extract 小米草萃取液，收缩、镇静。

15. Geranium Essential Oil 天竺葵精油，收敛、抑菌，调节内分泌腺。

16. Glycyrrhizic Acid 甘草酸，具有良好的防过敏效果，可使眼部肌肤挥别暗沉。

17. Glycyrrhizin Acid 甘草次酸，预防肌肤敏感现象，安抚、舒缓受刺激的肌肤。

18. Green Tea Extract 绿茶萃取液，舒缓皮肤，抗自由基。

19. Hydrocotyle Extract 天胡荽萃取液，去脂肪，可作瘦身用，此外还可防过敏，增加皮肤愈合力。

20. Isodecane 异癸烷，可从大茴香、奶油酸、柠檬油、菩提树油中萃取，可舒缓肌肤。

21. Ivy Extract 常春藤萃取液，具有去脂、抗水肿、分解脂肪、收敛及镇静作用，能促进代谢循环，消除蜂窝组织。

22. Lesser Celandine Extract 白屈菜萃取液，预防过敏，增加抵抗力。

23. Licorice Root 甘草根，预防发炎。

24. Lily Extract 百合萃取液，镇静、抗炎。

25. Linden Extract 菩提萃取液，具有安抚、舒缓肌肤功效。

26. Meadowfoam Seed Oil 绣线菊籽油，滋润、抗敏。

27. Meadowsweet Extract 绣线菊萃取液，具有预防刺激、舒缓和收敛肌肤的功效。

28. Neroli Extract 橙花萃取液，促进细胞再生，预防敏感。

29. Peppermint Extract 薄荷萃取液，镇静，清洁毛孔。

30. Polyglucan 聚葡萄糖，保湿，预防过敏，舒缓红肿。

31. Rosemary Essence Oil 迷迭香精油，帮助血液循环，平衡神经系统。

32. Scutellaria Baicalensis Extract 黄芩萃取液，镇静、抗菌。

33. Seaweed Extract 海藻萃取液，柔软肌肤，提升肌肤免疫力，加强肌肤弹力与光泽。

34. Shiconix Extract 紫根萃取液，舒缓红肿肌肤，增加抗体。

35. Sliver-Birch 白桦，含维生素 C、钠与磷，具有促进血液循环、收敛皮肤、抗感染功效。

36. Stearyl Glycyrrhetinate 硬脂甘草酸酯，具有预防肌肤受刺激、降低敏感性的功能。

H. 消　炎

1. Allantoin 尿囊素，抗炎症，促进细胞修护。

2. Anhydroalkannin 去水紫草烯，可消炎、抗菌、活血、散瘀。

3. Arnica Extract 山金车萃取液，活血、散瘀。

4. Arnica Oil 山金车油，可促使伤口愈合、消毒、消肿、防止瘀斑出现。

5. Betula Alba Extract 桦木芽萃取液，抗菌。

6. Betula Extract 桦木萃取液，有抗菌、收敛、净化作用。

7. Bilberry Extract 覆盆子萃取液，消毒、收敛、去脂、排水。

8. Birch Tree Extract 桦树萃取液，消毒、收敛，增加皮肤愈合力。

9. Bisabolo Extract 没药萃取液，收敛、消毒、杀菌，加快伤口愈合。

10. Burdock 牛蒡，消毒、预防粉刺、促进细胞生长、抗发炎。

11. Cholecalciferol 维生素 D_3，胆骨化醇，内用可增加钙质吸收，外用可治疗牛皮癣。

12. Cinnamon Essential Oil 肉桂精油，防腐、杀菌。

13. Citronella Essential Oil 香茅精油，清洁、杀菌。

14. Coneflower Extract 矢车菊萃取液，抗发炎，适用于敏感肤质。

15. Forsythia Suspensa Vahl Extract 连翘萃取液，消肿。

16. Hamamelis 金缕梅，去瘀消肿。

17. Hawthorn Extract 山楂萃取液，抗发炎。

18. Horse Chestnut Extract 七叶树（马栗树）萃取液，预防发炎及微血管曲张。

19. Iodopropynyl Butylcarbamate 抗菌剂。

20. Ketoconazole 酮康唑，抗霉菌剂，用来治疗因皮屑芽孢菌感染的脂溢性皮肤炎或头皮屑。

21. Lavender Extract 薰衣草萃取液，抗菌、消炎、镇静皮肤。

22. Lemongrass Essential Oil 柠檬香茅精油，缓和肌肤不适感、抑菌、消除肌肉酸痛，可作为防菌剂。

23. Marigold Oil 金盏花油，抗发炎、清洁、收敛、活血散瘀，增加皮肤愈合力。

24. Marjoram Extract 马郁兰萃取液，对扩张动脉、微血管扩张、散瘀有帮助。

25. Menaquinones 维生素 K，去瘀、消肿。

26. Menthol 薄荷脑，清洁、杀菌。

27. Meristem Extract 裸子植物萃取液，预防发炎、过敏。

28. Methyl Salicylate 水杨酸甲酯，冬青油，抗炎。

29. Phenoxyethanol 苯氧基乙醇，杀菌剂。

30. Tea Tree Essential Oil 茶树精油，天然的抑菌剂，可消炎、平衡油脂、预防感染。

31. Thyme Extract 百里香萃取液，具有抗菌、防腐、镇静、收敛等作用。

32. White Lily Extract 百合萃取液，柔软肌肤、消毒、治疗伤口。

I. 滋　润

1. Caprylic / Capric Triglyceride 辛癸酸甘油酯，皮肤润滑剂。

2. Castor Oil 蓖麻油，含蓖麻油酸，可润滑、保湿。

3. Chlorella Extract 绿藻萃取液，滋润、保湿。

4. Citric Oil 柠檬油，润肤。

5. Cyclomethicone 环甲基硅酮，不含油的润滑剂，能让肌肤瞬间柔嫩，适合用作妆前饰底成分。

6. Diisopstearate 二异硬脂酸酯，硬脂酸的衍生物，润滑剂。

7. Dimethicone 聚二甲基硅氧烷，硅质顺滑剂，保湿、润泽，可在皮肤上形成一层薄膜，增加皮肤触感。

8. Hyaluronic Acid 玻尿酸（糖醛酸），属于非油脂性滋润剂，能吸收比本身重量多 500—1000 倍的水分，锁住皮肤细胞之间的水分。

9. Hybrid Safflower Oil 红花籽油，滋润剂。

10. Hydrogenated Lecithin 氢化卵磷脂，滋润，预防老化。

11. Hydrogenated Soy Glyceride 氢化大豆甘油酯，润肤。

12. Isositearoyl Hydrolyzed Collagen 氢化骨胶原，润肤。

13. Kukui Nut Oil 夏威夷核油，含多种脂肪酸，有极佳的渗透性及滋润效果。

14. Linoleic Acid 亚麻仁油酸，维生素 F，不饱和脂肪酸，防止表皮水分流失，滋润皮肤。

15. Liquid Paraffin 液态石蜡，润肤。

16. Olive Oil 橄榄油，保湿、滋润、抗皱、抗老化，保持毛孔畅通、洁净。

17. PEG-60 Hydrogenated Castor Oil PEG-60 氢化蓖麻油，天然植物性油脂，具有柔润肌肤的作用。

18. Polyglyceryl-3 聚甘油 -3，润滑剂。

19. Psoralea CorylifoliaL Extract 补骨脂，滋润皮肤。

20. Sesame Oil 芝麻油，滋润剂。

21. Silk Amino Acid 丝质氨基酸，润肤。

22. Squalene 角鲨烯，含有丰富的胶质成分，易于皮肤吸收，并可促进皮脂再生，具有清爽、不油腻的独特感觉，滋润皮肤。

23. Wool Fat（Lanolin）羊毛脂，滋润皮肤。

24. Yellow Gentian Extract 黄龙胆根萃取液，可预防雀斑，有滋养作用。

25. Vaseline 凡士林，润滑剂。

26. Retinyl Palmitate 棕榈酸维生素 A，具有滋润功效，可减少细小纹路并修护肌肤。

J. 修　复

1. Borage Oil 琉璃苣油，天然油脂，含丰富的维生素 E、维生素 F，修补凹洞。

2. Cress 水芹，消肿，促使伤口愈合，清洁净化、收敛肌肤。

3. Polypeptides 多肽，氨基酸的一种，能呵护受损的细胞。

4. Retinol 维生素 A，高效除皱成分。

5. Retinyl Palmitate 棕榈酸维生素 A，具有滋润功效，减少细小纹路及修护肌肤。

6. Revitalin 植物再生素，修护受损肌肤。

7. St.John's Wort 小连翘，能修复伤口、柔软肌肤。

8. Rosemary Extract 迷迭香萃取液，收敛毛孔、紧实皮肤。

K．去角质

1. Alfalfa Extract 紫花苜蓿萃取液，含多种氨基酸及胡萝卜素，可抗老化。

2. Algae Extract 海藻萃取液，抗氧化。

3. Apricot Bead 杏桃颗粒，通常加在磨砂膏中，用来去除皮肤老废角质。

4. Bromclain 菠萝酵素，代谢老旧细胞角质。

5. Glycolic Acid 甘醇酸，常用的果酸成分，去除老废角质，促进肌肤新陈代谢。

6. Malic Acid 苹果酸，从苹果中萃取而得，为果酸的一种，可加速皮肤代谢老废角质。

7. Salicylic Acid 水杨酸，有去角质的功能，还能去除粉刺，另可作防腐剂用。

8. Tartaric Acid 酒石酸，从葡萄酒中萃取而得，为果酸的一种，可加速皮肤代谢老废角质。

化学功能

A．基　质

1. Alkyl Benzoate 烃基安息香酸盐，油脂剂，作为基质。

2. Almond 杏仁油，天然油脂，用作基质。

3. Aqua 水，作为基质。

4. Butyl Stearate 硬脂酸，乳化剂，作为基质。

5. Bees Wax 蜂蜡，基质，可增强产品浓度。

6. Benzoyl Alcohol 苯甲醇，具有抗菌及防腐作用，作为基质。

7. C12-15 Alkyl Benzoate **C12-15** 烷基苯酸脂，赋形剂，作为基质。

8. Diisostearyl Malate 二异硬脂醇苹果酸酯，基质。

9. Distilled Water 蒸馏水，产品调制时所需的水分。

10. Hydrogenated Polyisobutene 氢化聚异丁烯，油脂剂，作为基质。

11. Laniline Alcohol 蜂蜡醇，天然油脂，可作为基质。

12. Microcrystalline Wax 微晶蜡，用作基质。

13. Mineral Oil 矿物油，基质。

14. Octyldodecanol 辛基十二醇，油脂剂，作为基质。

15. Ozokerite 地蜡，天然矿物蜡，为保养品基质。

16. PEG8-Bees Wax **PEG-8** 蜂蜡，可增强产品浓度。

17. Paraffin 石蜡，基质，可加强溶液浓度。

18. Purified Water 纯水，基质，载体。

19. Safflower Oil 红花油，基质，润肤成分。

20. Waxes 蜡，化妆品基质。

21. Wax Esters 蜡酯，基质，润肤成分。

B. 表面活性剂

1. Cocamidopropyl Hydroxy Sultane（Cocamidopropyl Betaine）烷基酰胺类，界面活性剂，起泡剂，清洁用。

2. Cocoamide DEA 非离子界面活性剂，清洁用品主要成分。当其和其他复合物结合时，可能形成亚硝胺，易为皮肤吸收，但会致癌。

3. Coconut Diethanolamide 烷醇酰胺，界面活性剂，起泡剂，清洁用。

4. Disodium Laureth Sulfosuccinate 磺基琥珀酸酯，一种界面活性剂，清洁用起泡剂。

5. Sultane 起泡剂。

6. Fatty Alcohol 脂肪醇混晶，界面活性剂，清洁起泡剂。

7. Lauryl Betaine 界面活性剂，起泡剂。

8. Lauryl Diethanolamide 界面活性剂，起泡剂。

9. Monoethanolamine Lauryl Sulfate 界面活性剂，清洁力过强，常导致皮肤干燥。

10. Polyoxyethylene Lauryl Ether 聚氧乙烯月桂醚，界面活性剂，清洁力强。

11. Polyoxyethylene 天然非离子界面活性剂，清洁用。

12. Sodium Cocoyl Sarcosinate 界面活性剂，刺激性较低的清洁成分。

13. Sodium Hydroxide 氢氧化钠，苛性钠，碱性，可用来调整酸碱度。

14. Sodium Laureth Sulfate（SLES）月桂基聚氧乙烯醚硫酸钠，阴离子界面活性剂，易起泡，易溶于水。

15. Surfactant 界面活性剂。

16. Triethanolamine（TEA）Lauryl Sulfate 界面活性剂，清洁力过强，常导致皮肤干燥。

C. 乳化剂

1. Ceresin 矿蜡，乳化剂。

2. Ceteareth-12 乳化剂。

3. Ceteareth-20 乳化剂。

4. Cetearyl Alcohol 十八十六醇鲸蜡硬脂醇，乳化剂。

5. Cetyl Alcohol 鲸蜡醇，乳化剂。

6. Cetyl Palmitate 合成脂类，乳化剂。

7. Cholesterol 胆固醇，乳化剂。

8. Citric Alcohol 柠檬醇，乳化剂。

9. Dimethicone Copolyol 硅氧烷，乳化剂，有润肤功效。

10. Dimonium Chloride Phosphate 乳化剂。

11. Glycerol Mono Stearate 甘油单硬脂酸，乳化剂。

12. Glyceryl Cocoate 椰酸甘油脂，乳化剂。

13. Glyceryl Stearate 甘油硬脂酸，乳化剂。

14. Hectorite 贺客多力士，乳化剂，是一种含硅酸镁、硅酸锂的黏土。

15. Isopropyl Alcohol 异丙醇，乳化剂。

16. Isostearic Acid 异硬脂酸，饱和脂肪酸，用于调节稠度及外观质感。

17. Isostearyl Alcohol 异十八醇，乳化剂。

18. Lanoline Alcohol 聚氧乙烯，羊毛脂醇，乳化剂。

19. Magnesium Aluminum Silicate 硅酸，乳化剂，安定剂，可加强溶液浓度。

20. Myristyl Alcohol 蜂蜡醇，乳化剂。

21. Polysorbate20 多已二烯酸 20，乳化剂。

22. Polysorbate60 多已二烯酸 60，乳化剂。

23. Polysorbate80（Tween80）多已二烯酸 80，乳化剂。

24. Sorbitan Stearate 硬脂酸已六脂，乳化剂。

25. Stearyl Alcohol 十八烷醇，硬脂醇，乳化剂，但不会起泡。

26. Tween20 一种乳化剂。

27. Tween80 一种乳化剂。

乳化剂是乳霜，卸妆与护肤产品中不可或缺的成分。

D. 油脂剂

1. Cetyl Acetate 鲸蜡醇乙酸酯，油脂剂。

2. Cetyl Dimethicone 鲸蜡硅氧烷，油脂剂。

3. Isopropyl Myristate 十四酸异丙酯，内豆蔻盐，化学合成油脂剂，易致暗疮。

4. Isopropyl Palmitate 十六酸异丙酯，棕榈酸异丙酯，化学合成油脂剂，易致暗疮。

5. Lauroyl Lysine 月桂酰赖氨酸，一种改质剂，轻滑、柔顺、高亮泽度，除可使粉体增加油性、增强保湿性外，亦可增加产品的稳定性。

6. Myricl Alcohol 羊毛脂醇，天然油脂。

7. Myristyl Lactate 合成油脂剂，可使肌肤触感柔软。

8. Stearic Acid 硬脂酸，油脂剂。

E. 防腐剂

1. Benzalkonium Chloride 氯化苯甲烃铵，抗菌、防腐。

2. Benzoic Acid 安息香酸，苯甲酸，防腐剂

3. Butyl Paraben 丁酯，防腐剂。

4. Citric Acid 柠檬酸，防腐剂，平衡酸碱度。

5. Dehydroacetic Acid 脱氢乙酸，防腐剂。

6. Diazolidinyl Urea 重氮烷基脲，会释放甲醛刺激皮肤，长期使用有致癌之虞。

7. Disodium EDTA 乙二胺四乙酸二钠，水质处理，有抗氧化功效，当作防腐剂使用，亦可防止钙镁离子沉积。

8. Dmdm Hydantoin 乙内酰脲防腐剂，会释放甲醛刺激皮肤，长期使用有致癌之虞。

9. Ethyl Paraben 羟苯乙酯，防腐剂。

10. Formaldehyde 甲醛，防腐剂，有致癌之虞，已被禁止使用。

11. Germaben Ⅱ 双咪唑烷基脲，防腐剂。

12. Imidazolidinyl Urea 咪唑曲烷基脲，防腐剂，会释放甲醛，刺激皮肤，长期使用有致癌之虞。

13. Methyl Hydroxybenzoate 羟苯甲酸酯，防腐剂。

14. Methyl Paraben 苯甲酸甲酯防腐剂。

15. Methyl Parahydroxybenzoate（Methyl Paraben）对羟基苯甲酸甲酯，防腐剂。

16. PARA-Hydroxy Benzoic Acid Ester 对羟基苯甲酸酯，防腐剂。

17. Parahydroxybenzoate（Paraben）对羟苯甲酸，防腐剂，长期使用有引起接触性皮炎之虞。

18. Phenol 苯酚，防腐剂。

19. Potassium Sorbate 山梨酸钾，防腐剂。

20. Preservative 乙酸丙酯，防腐剂。

21. Propyl Allate 防腐剂。

22. Propyl Hydroxybenzoate 羟苯丙酯，防腐剂。

23. Propyl Paraben 对羟基苯甲酸丙酯，防腐剂，较为安全。

24. Quaternium15 季铵盐，防腐剂，会释放甲醛，会刺激皮肤，长期使用有致癌之虞。

25. Sodium Benzoate 苯甲酸钠，安息香酸钠产品溶液，缓冲剂，亦为产品防腐剂。

26. Sodium Sorbate 山梨酸钠，防腐剂。

27. Sorbic Acid 己二烯酸，山梨酸，防腐剂。

28. Tetrasodium EDTA 乙二氨四醋酸四钠，化妆品溶液中的隔离剂，可作为产品中的抗菌剂（防腐剂）。

F. 色　素

1. Coal Tar 煤焦油，常用来作为唇膏的染料。

2. FD&C、D&C 色素，常常含在一些化妆品、染发剂及去除头皮屑的洗发液里。

3. Iron Oxide 氧化铁，色料。

4. Kaolin 白陶土，用作颜料。

5. Pigment 色素。

6. Ultramarines 群青，色料。

7. Carnauba Wax 棕榈蜡，增加光泽感。

8. Dicaprylyl Ether 二辛基醚，能增加使用触感，使肌肤光滑。

9. Isohexadecane 异十六烷，增添质感（可由甜胡椒、大茴香、白菖根、芹菜籽、奶油酸、咖啡、茶等萃取而得）。

10. Mica 云母，通常加入化妆品中，优化使用后的质感与肤触。

11. Nylon-12 尼龙 -12，经过特别研制的尼龙粉底，可作为滑石粉的替代品。其微细圆粒，能让涂敷粉底更容易。

12. Oleic Acid 油酸，十八烯酸从植物中萃取的成分，可帮助产品渗透肌肤。

13. Pearl Pigment 珍珠颜料，用在化妆品中以增加光泽。

14. Sericite 绢云母，用在化妆品中以增加质感，譬如粉底。

其　他

1. Alcohol 酒精，溶剂。

2. Aluminum Chlorohydrate 碱式氯化铝，可抑制身体出汗，常用作止汗剂成分。

3. Amino Acid 天然氨基酸，防止水分过度流失，使肌肤温和、不紧绷，供给肌肤营养。

4. Babassuamidopropylamine 泡沫增强剂。

5. Butylhydroxyanisol 羟基茴香二丁酯，酸化防止剂。

6. Candelilla Wax 堪地里拉蜡小烛树蜡，浓度增强剂。

7. Carbomer 高分子胶，浓度增强剂。

8. Carbopol 羧乙烯聚合物，赋形剂。

9. Dibutyl Phthalate（DBP）邻苯二甲酸二丁酯，塑化、润滑、驱虫，但是会造成新生儿天生缺陷，故已禁止使用。

10. Dibutyl Hydroxy Toluene 二丁基羟甲苯，酸化防止剂。

11. Ethylene Diamine Tetraacetic Acid（EDTA）乙二胺四乙酸，产品溶液，沉淀防止剂、硬水软化剂。

12. Illuminex 制黑剂，含维生素 A、维生素 C、维生素 E 和维生素 K。

13. Itrosamines 亚硝胺，化妆品常用的次要成分。亚硝胺由两种安全物质——亚硝酸（Nitrousacid）和胺（Amines）组成。亚硝胺容易被皮肤吸收，且高度致癌。

14. Nylon Fiber 尼龙纤维，通常用在睫毛膏中，增加使用时的增长效果。

15. Palmitic Acid 棕榈酸，软脂酸，油脂剂。

16. Perfume（Fragrance）香精，产品添加的化学香味。

17. Polybutene 聚异丁烯，赋形剂，加强浓度。

18. Polyethylene 聚乙烯，酒精的脱水产物，用于控制产品变干的时间。

19. Polymethyl Methacrylate（PMMA）聚甲基丙烯酸甲酯，可使修容粉长效、不易脱落、亲肤性更佳。

20. Polyquaterium-6 一种柔软剂。

21. Quatenarium-18 夸特宁 -18，纤维萃取液，用作结合的媒介。

22. Riboflavin 维生素 B_2（核黄素），增强代谢，促进皮肤、指甲及头发的健康生长。

23. SD Alochol 40 变性酒精，保养品、化妆品用酒精。

24. Silica 硅石（石英），色料及保护剂，多为化妆品添加剂。

25. Sodium Citrate 柠檬酸钠，产品溶液缓冲剂，让产品形态更稳定。

26. Triethanolamine 三乙醇胺，酸碱值调节剂。

27. Toluene 甲苯，指甲油与去除剂的成分。

图书在版编目（CIP）数据

错啦！护肤应该这样做 / 宋丽晅，胡晓萍著．—北京：北京联合出版公司，2017.6
ISBN 978-7-5596-0218-3

Ⅰ.①错… Ⅱ.①宋… ②胡… Ⅲ.①皮肤－护理－基本知识 Ⅳ.①TS974.1

中国版本图书馆CIP数据核字（2017）第079505号

错啦！护肤应该这样做

作　　者：宋丽晅　胡晓萍
选题策划：北京凤凰壹力文化发展有限公司
责任编辑：李艳芬　徐秀琴
特约编辑：郭　梅
封面设计：Metis 灵动视线
版式设计：文明娟

北京联合出版公司出版
（北京市西城区德外大街83号楼9层　100088）
北京旭丰源印刷技术有限公司印刷　新华书店经销
字数120千字　710毫米×1000毫米　1/16　印张15
2017年6月第1版　2017年6月第1次印刷
ISBN 978-7-5596-0218-3
定价：39.80元